北方果园霜冻防御

张晓煜 万信 李红英 张磊 等 编著

U0351059

气象出版社
China Meteorological Press

内容简介

本书是公益性行业（气象）科研专项"中国北方果树霜冻灾害防御关键技术研究"（GYHY201206023）项目组近三年来主要防霜科研和实践工作的结晶，也是广大科技工作者在果园防霜方面多年的实践经验和创新成果的总结。全书从霜冻的概念入手，分析霜冻的形成条件、霜冻发生规律，结合各类果树的霜冻指标，综合总结霜冻预报、预警和防御的成功经验，提出工程防霜、系统防霜的基本理论框架和防霜技术规范，从霜冻发生的全过程提出防霜的组织管理程序，将霜冻规律与防御途径的新发现、新认识贯穿于防霜实践，并列举防霜成功实例，为北方果园防霜提供理论和技术支撑。本书可供农业、林业、农业气象等领域从事科研、教育、生产的科技人员和果园种植户参考，也可为政府、林果、气象部门防灾规划制定、防霜工程布设和防霜预案的制定提供技术支持和理论参考。

图书在版编目(CIP)数据

北方果园霜冻防御/张晓煜等编著.
—北京：气象出版社，2015.1
  ISBN 978-7-5029-6092-6

  Ⅰ.①北…　Ⅱ.①张…　Ⅲ.①果园－霜冻－防御
Ⅳ.①S425

中国版本图书馆 CIP 数据核字（2014）第 026464 号

出版发行：气象出版社

地　　　址：北京市海淀区中关村南大街 46 号		邮政编码：100081	
总 编 室：010-68407112		发 行 部：010-68409198	
网　　　址：http://www.qxcbs.com		**E-mail**：qxcbs@cma.gov.cn	
责任编辑：王元庆		终　　审：黄润恒	
封面设计：博雅思企划		责任技编：吴庭芳	
印　　　刷：北京京科印刷有限公司			
开　　　本：710 mm×1000 mm　1/16		印　　张：13	
字　　　数：233 千字		彩　　插：6	
版　　　次：2015 年 1 月第 1 版		印　　次：2015 年 1 月第 1 次印刷	
定　　　价：46.00 元			

本书如存在文字不清、漏印以及缺页、倒页、脱页等，请与本社发行部联系调换

《北方果园霜冻防御》编委会

主　　编：张晓煜

副主编：万　信　李红英　张　磊

编　　委：(以姓氏拼音字母为序)

曹　宁　　陈卫平　　陈豫英　　段晓凤　　范锦龙

郝　璐　　何建川　　黄彬香　　李国梁　　李红英

李淑珍　　刘　静　　刘　娟　　刘　璐　　马国飞

马力文　　马　宁　　曲亦刚　　苏　龙　　孙艳敏

孙艳桥　　孙忠富　　田　磊　　万　信　　王　静

王景红　　卫建国　　夏国宁　　相　云　　许彦平

杨彬云　　姚晓红　　尹宪志　　袁海燕　　翟　涛

张　磊　　张维敏　　张晓煜　　赵兔祥　　朱永宁

桃花迎春

梨花又开放

杏花含苞待放

苹果花吐艳

严重受冻的杏花

受冻的李子

受冻的杏

幸存的苹果

苹果的子房显微观察

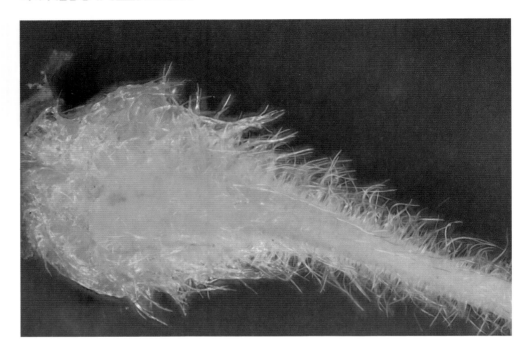

苹果的幼果显微观察

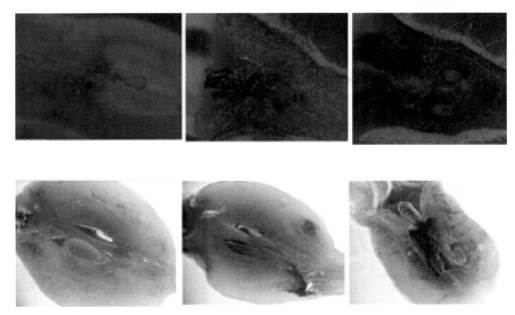

野外霜冻试验

霜冻调查

防霜烟雾弹

防霜机保护下的李子树

防霜剂防霜

硕果累累

秋天的颜色

丰收的喜悦

序　一

霜冻是我国主要农业气象灾害之一。"四月八,黑霜杀"、"清明断雪,谷雨断霜","晚稻就怕霜来早"等农谚反映了霜冻的危害。为减轻霜冻灾害对农业的影响,我国劳动人民在长期生产实践中积累了大量的霜冻预测和防御实践经验。早在2000多年前西汉时期的《氾胜之书》就记载有:"稙禾,夏至后八十九十日,常夜半候之,天有霜若白露下,以平明时,令两人持长索相对、各持一端,以概禾中,去霜露,日出乃止。如此,禾稼五谷不伤矣";1500年前北魏的贾思勰《齐民要术》第四卷指出:"凡五果,花盛时遭霜,则无子。常预于园中,往往贮恶草生粪。天雨新晴,北风寒切,是夜必霜,此时放火作煴,少得烟气,则免于霜矣"。作为具有悠久历史的农业大国,我国关于霜冻的研究主要集中在粮食作物和蔬菜方面,关于经济作物,特别是果树霜冻防御理论与技术的研究明显不足,严重制约着北方果树产业的快速和高质发展。

以张晓煜研究员为核心的霜冻研究团队,在公益性行业(气象)科研专项"中国北方果树霜冻灾害防御关键技术研究"支持下,组织我国霜冻研究优势单位:中国农业科学院、中国农业大学、国家卫星气象中心、宁夏气象科学研究所、河北省气象科学研究所、陕西经济作物气象台、西北区域气候中心和北方果业部门的科技人员,联合攻关,在北方果树霜冻灾害理论与防御技术方面取得了丰硕的研究成果。针对我国果树霜冻防御理论与技术研究的严重不足,组织和开展了大量的基于野外移动霜冻试验箱控制试验和野外定位观测实验,系统阐明了北方果树霜冻的成因、发生发展规律和调控机理,进一步丰富了果树霜冻的知识;研发了果树霜冻指标与监测预警评估技术;创新性地将工程防霜概念引入果树霜冻防御技术研究,发明了果园防霜烟雾弹和移动火墙等果树霜冻防御技术,规范和评估了果树防霜技术;研制了北方果园霜冻控灾专家决策支持系统,有力地促进了相关业务服务质量与水平的提高。项目的研究成果不仅将果树霜冻防御理论推进到了系统工程防霜的新高度,而且有效地促进了果树霜冻灾害防御业务水平的大幅提高,是科研成果与业务服务高效结合的范例。

《北方果园霜冻防御》不仅体现了霜冻研究团队近年来的科技攻关创新成果和实践经验,也是作者们多年来从事果树霜冻防御理论与技术研究成果的系统集成。全书围绕北方果园霜冻防御理论与技术实践,系统阐述了北方果园的霜冻成因与形成条件,霜冻发生发展规律,霜冻指标,霜冻监测、预警、评估,防霜技术,防霜工程和防霜成功案例,将霜冻规律与防御途径的新发现、新认识、新技术贯穿于防霜实践,体现了果园防霜理论和实践的有机结合,是迄今为止我国果园霜冻研究最全面系统的成果集成。在该书即将出版之际,我谨向各位作者取得的成绩表示祝贺,向奋战在果树防霜一线的霜冻研究团队的敬业精神、求真务实的科学态度表示崇高的敬意,向在寒冷的霜冻夜晚彻夜坚守果园防霜一线的防霜人员表示衷心的感谢。

厚德载物,天道酬勤。愿霜冻研究团队再接再厉,开拓进取,不断推进果树防霜理论和技术研究,在霜冻防御理论与技术研究中取得更大的创新性进展,用不断创新的科技成果支撑果树产业高产、优质、高效和可持续发展。

（中国气象科学研究院研究员　周广胜）

2015 年 1 月 8 日

序 二

霜冻是农业生产上的重大灾害。虽然中国古代劳动人民已经积累了不少防霜的经验,新中国成立以来也陆续进行了防霜技术的研究,取得不少成果,但主要集中在大田作物,对于果树霜冻发生规律和防霜技术的研究仍较薄弱,不能适应果业生产迅速发展的需要。为此,中国气象局组织开展了公益性行业(气象)科研专项"中国北方果树霜冻灾害防御关键技术研究"(GYHY201206023),这是我国在果树防御霜冻方面开展的迄今规模最大和水平较高的重大专项研究,经过三年来的工作,取得了可喜的成果。本书在总结前人防御果树霜冻研究成果的基础上,全面反映了该专项研究取得的成果,在以下几个方面有明显的创新。

首先是对于霜冻灾害的认识。随着全球气候变暖,不少人以为像霜冻这类低温灾害就自然减轻甚至消失了。本书从生产实际出发,指出随着气候变化,农业生产上的霜冻灾害实际在加重,尤其是果树生产。这是由于随着气候变暖,植物的发育进程也在改变,春季终霜冻提前结束,植物的开花也提前了;秋季初霜冻推迟到来,植物的落叶或休眠也在延后,霜冻风险并未由于气候变化而减少。加上气候的波动加剧,植物的脆弱性增大,有些地区过度北扩或盲目引种不耐寒品种,导致我国农业生产上实际发生的霜冻灾害日益频繁和加重,针对霜冻灾害的新特点开展防霜冻技术的研究势在必行。

第二是对于果树霜冻灾害发生规律的新认识和果树霜冻监测预报以及农业气象业务体系建设的开创性工作。由于果树要比大田作物高大,开花、分枝与结果呈立体分布,果园小气候与霜冻发生规律以及果树霜冻生理都远比大田作物复杂。该专项研究人员运用现代信息技术,开展了多地、多点、不同季节和不同方法的立体观测，取得了大量资料，对果园小气候、果树霜冻时空分布和果树霜冻危害特征都给出了更加精确的描述和全面的分析，并进行了多次成功的监测和预报，在我国首次建立起比较完整的果树霜冻监测、预报和农业气象服务的方法体系。

第三是在防霜冻技术的集成创新上取得了突破，初步实现了主要防霜技术的规范化和标准化。以往的防霜技术研究主要针对传统农业的小规模经营，依靠经验判断，以劳动密集型技术措施为主。针对现代集约化、规模化经营的果园生产，本书提出了工程防霜和系统防霜的基本理论框架，制定了若干防霜技术规范，提出防霜全过程的组织管理程序，并在多点进行了试验示范，取得了显著减灾成效。

由于各种条件的限制，本书仍有若干不足，例如对于南方果树霜冻发生规律和防霜技术基本没有涉及。由于那里的霜冻主要发生在冬季，且以亚热带和热带果树为主，与北方的情况有所不同。尽管如此，本书的出版在我国果树霜冻与防霜技术研究领域仍然具有里程碑的意义，将促使我国果树防霜的农业气象业务和果树生产霜冻灾害的防灾减灾工作提高到一个新的水平。本人虽然从事农业减灾研究数十年，但对于果树防霜方面知之甚少，阅读本书受益匪浅。在此，我对本书的出版表示祝贺，并对本书的作者们表示衷心的感谢与敬佩。预祝本书作者们在今后的科研中取得更大的成绩。

（中国农业大学教授　郑大玮）

2014 年 9 月 10 日

前　言

　　中国北方无霜期短,霜冻是制约农业,尤其是特色林果业发展的最主要的气象灾害之一。气候变暖使中国北方无霜期延长,经济林果的开花期提前,而春季冷空气活动频繁,造成经济林果花期霜冻害风险加大,霜冻损失有加重的趋势。特别是在西北和黄土高原地区,由于气温变化剧烈,霜冻害发生频繁,对果品生产造成很大威胁。霜冻害发生时,正值果树开花、幼果期和成熟期,造成的损失有时是毁灭性的,直接造成果树减产甚至绝收。霜冻害已成为威胁林果业安全,制约现代林业发展,制约区域特色林果产业发展的最大自然因素,对国民经济发展、农业增效、农民增收产生了明显影响。

　　中国是世界第一果品生产大国。2010 年,我国果品总产量已突破 1.1 亿 t,占世界总产量的 15%,果园面积超过 1000 万 hm²。中国北方苹果面积达到 300 万 hm²,梨的栽培面积为 100 万 hm²,桃和油桃面积为 100 万 hm²。苹果种植面积和产量均占世界的 40% 以上,梨约占世界总产量的 60%。中国北方水果大省山东、陕西、河北、新疆、辽宁果树种植面积超过 80 万 hm²,河南、山西果树种植面积也在40 万 hm² 以上。中国北方林果业年产值超过 1000 亿元,已经成为北方各省、自治区的主导农业产业。但是,由于果树生产管理粗放,尤其是在灾害防御方面,缺乏必要的防霜工程建设,霜冻监测、预警信息不能及时覆盖果树生产区,防霜技术手段落后,防霜联动机制还没有建立起来,决策指挥能力依然薄弱,造成林果业遭受霜冻损失十分巨大。我国平均每年霜冻害面积达 34 万 hm²,最重的年份达 77 万 hm²,因霜冻害造成农作物、果树和蔬菜损失每年达 30 亿元以上,霜冻已成为我国北方仅次于干旱的重大农业气象灾害。如内蒙古、宁夏一带因霜冻而减产的年份竟高达 40％以上。2004 年 5 月 3—5 日,甘肃遭受 50 年来最严重的霜冻危害,农作物受灾 70 万 hm²,成灾面积 50 万 hm²,绝收 15 万 hm²,果树不同程度受冻,直接损失达 12.24 亿元。2004 年 5 月 3—4 日晨,宁夏霜冻害总面积多达 80 万 hm²,产量损失达 30％以上,直接经济损失 2000 多万元。2006 年 5 月 13 日的霜冻天气,使正处于最不耐低温冻害阶段的葡萄萌发的新枝,苹果、梨、桃、杏的幼果,枸杞花蕾,红枣枣吊遭受到不同程度的霜冻。宁夏经济林受灾面积 5 万 hm²,葡萄受灾面积近 1 万 hm²,减产 40％～46％,局部地区减产 80％以上,部分地区苹果、葡萄基本绝产,果品减产 1.5 亿～2 亿 kg,直接经济损失 2.3 亿～2.6 亿元。2010 年受 4 月 12—15 日较强冷空气的影响,黄土高原区苹果等果树遭霜冻危害,据不完全统计,甘肃受灾经济林木 0.6 万 hm²,陕西苹果受冻面积超过 70 万 hm²、梨树 1 万 hm²、猕猴桃 2 万 hm²,山西 15 万 hm² 果树受灾。

然而,面对如此巨大的霜冻损失和日益严峻的防霜形势,我国针对果树(作物)的霜冻监测、预报、预警技术体系还没有建立起来。霜冻的监测主要依赖区域自动气象站资料,由于局地下垫面性质、地形、植被等因素的影响,区域自动气象站并不能代表局地和果园、农田的小气候状况,常常不能及时发现局地霜冻。果园、大型园艺场还缺乏分布式霜冻监测系统,不能对经济林果和主要经济作物霜冻进行实时动态监测。霜冻预报、预警还停留在对霜的天气预报基础上,但作为天气现象的凝霜与植物实际发生的霜冻害往往并不同步,由于霜冻预报没有与作物、果树不同发育阶段的霜冻指标结合起来,常常造成霜冻空报或漏报,预报结果与霜冻发生实际相去甚远。霜冻预报、预警技术方法急需深入研究。我国的防霜工程仍然薄弱,防霜意识淡薄,导致霜冻成灾频率剧增,灾情放大。霜冻灾害的防御和控灾技术还十分匮乏。大部分地区霜冻来临几乎不采取任何措施,常常造成"小灾大害"、经济损失惨重的局面。中国北方霜冻防灾基础设施薄弱,霜冻业务服务系统还没有建立起来,防霜救灾的技术少,方法落后,缺乏与霜冻风险趋势相适应的防灾专家决策管理研究成果支撑。救灾应急机制还很传统,广大的农村气象预警信息、农业防灾技术信息还很难直接送到农民手中,农民在种植果树时普遍缺乏风险意识和风险管理经验。防灾减灾应急反应速度很慢,还没有建立满足需求的控灾技术体系。

充分运用现代信息技术,弄清霜冻变化规律和发生机制,开展较为系统的霜冻监测、预报、预警和防霜关键技术研究,建立霜冻控灾专家决策支持系统,直接指导果园综合防霜,提高防霜科学决策和防霜能力,提高灾害应急响应能力是解决气象防灾减灾科技问题,发展现代气象业务和解决果树生产实际迫切需要研究的课题。建立科学有效的防霜体系以减轻霜冻损失,系统提高自然灾害防御能力和灾害应急管理水平,保障林果产业为龙头的特色农业产业健康、可持续发展,切实提高农业产值和效益已成为生产单位和科研部门的共识。

有鉴于此,宁夏气象科学研究所在公益性行业(气象)科研专项"中国北方果树霜冻灾害防御关键技术研究"(GYHY201206023)项目的支持下,运用试验、模拟、GIS 空间分析和系统分析方法,信息、工程、生物技术相结合,组织来自中国北方甘肃、陕西、河北、中国农业科学院、中国农业大学、国家卫星气象中心、南京信息工程大学等科研、高校、业务和生产部门的气象、农业、生物、自然地理、遥感、软件工程等不同学科的研究人员,立足我国重大自然灾害防御的重大需求,针对中国北方果树防霜能力薄弱、技术手段匮乏和技术脱节问题,在分析霜冻发生规律和风险评价的基础上,选择北方霜冻高发区易受霜冻危害的果树(苹果、桃、杏等)开展霜冻监测、预报、预警和防霜技术研究,解决果树霜冻预报、预警和防霜技术集成运用的关键技术问题;开发北方果树防霜专家决策支持系统,从防霜系统工程的角度解决果树防霜问题,实现提升北方果树防霜气象业务服务能力、提高果树防霜风险决策管理水平、提高北方果树防霜效益的目标。通过三年联合攻关,较为系统地研究了北方李、杏、桃、苹果等果树防霜关键技术,揭示出中国北方霜冻发生规律,果园气温时空分布规律,提出主要果树霜冻指标,建立了北方果树霜冻监测、预报、预警评估模型,发展了果树防霜技术体系,建立起省级的果树防霜专家决策支持系统,提出科学防霜技术和减灾对策。"中国北方果树霜冻灾害防御关键技术研究"(GYHY201206023)项目组(后文简称项目组)研制的果园防霜烟雾弹、移动火墙等和引进的防霜机等防霜技术直接服务果树生产单位,深受果农的欢迎。成功研制的野外移动霜箱成为霜冻野外试验的利器,极大地推动了农作物霜冻指标试验研究;培养出一支稳定的果树防霜科研开发团队和业务服务队伍,三年的果树防霜实践产生了明显的经济、社会效益。

项目组将关于果树防霜三年来的研究成果进行系统的整理和归纳总结，参考和借鉴国内外最新的果树方面的研究成果，编著成《北方果园霜冻防御》一书，其主要目的有四。一是将项目组在果树防霜生产实践中的新发现、新认识、新技术、新方法总结出来，如防霜工程的建设问题，关于系统防霜的理念，关于霜冻资源的利用问题等，以提高公众对霜冻更全面的认识，增强全民防霜意识。二是将霜冻规律、霜冻风险评估和果园防霜专家决策系统等成果分享给各级政府，为各级政府在制定防霜预案、灾害防御规划提供参考，提高霜冻灾害风险管理和防灾决策能力，提高灾害应急响应和社会化防霜能力。三是将霜冻监测、预测、评估和果园防霜专家决策系统等技术方法提供给各级果树防霜服务部门，提高果树防霜业务服务能力。四是将防霜技术标准化、规范化后提供给果农，直接指导果园防霜，提高防霜实际效果，提高果品产量和品质，增加农民收入，保障北方果树高产稳产和可持续发展。

全书共分八章，绪论介绍了霜冻的概念、类型、形成条件、危害及北方霜冻特点和未来发展趋势，第1章第1和第2节由张晓煜、刘静执笔。第3节由张磊执笔，第4和第5节由李红英执笔，第6节由黄彬香执笔。第2章主要介绍果园霜冻发生规律，第1节由马国飞执笔，第2节由袁海燕执笔，第3节由朱永宁执笔，第4节由张磊执笔；第3章主要介绍了霜冻指标及其应用。第1和第2节由王静执笔，第3节由王景红执笔，第4节李红英执笔。第4章主要介绍果园霜冻监测、评估方法和技术。第1节由孙忠富执笔，第2节由范锦龙执笔，第3节由张晓煜执笔，第4节由郝璐执笔，第5节由张晓煜执笔。第5章主要介绍果园霜冻预报与预警技术方法。第1、第2、第3由陈豫英执笔，第4节由李红英执笔，第5节由张晓煜、王景红。第6章重点介绍果树防霜技术方法。第1节由张磊执笔，第2节由杨彬云执笔，第3节由张晓煜执笔，第4节由万信、李国梁执笔，第5节由郝璐执笔，第6节由张晓煜执笔。第7章主要介绍果园防霜工程的设计和建设，由张晓煜执笔。第8章防霜成功案例由曲亦刚、夏国宁、王景红、杨彬云、万信执笔。另外，附录防霜技术规程分别由马国飞、相云、张磊、尹宪志、万信等编写；彩图收集整理由王静、李红英负责。初稿完成后由张晓煜、万信统稿成书。全书经中国农业大学郑大玮教授、中国气象科学研究院郭建平研究员和吉林省气象台马树庆研究员审核后付梓。

在霜冻害资料收集过程中，得到国家气候中心、国家气象中心、国家气象信息中心、中国农业大学、国家卫星气象中心、中国农科院环境与可持续发展研究所、宁夏气象科学研究所、甘肃省气候中心、陕西省经济作物气象台、河北省气象科学研究所、宁夏农林科学院、宁夏人工增雨基地、宁夏气候中心、银川市气象局、宁夏银川河东生态园艺试验中心、宁夏中宁轿子山林场、宁夏吴忠孙家滩林场、宁夏灵武农场、甘肃秦安县果业局、陕西旬邑县果业局、河北省蔚县林业局和气象局技术人员的大力支持；本书编写过程中，中国气象科学研究院、中国农业大学、中国农业科学院、南京信息工程大学、宁夏大学、宁夏农林科学院等单位专家学者提出许多指导意见和建议，在此一并致谢。本书统稿和审稿过程中，尽可能对各章文字、数据、结果和结论进行详细核查和校对，但由于时间仓促，水平有限，错误纰漏之处在所难免，望读者及专家学者批评指正。

张晓煜、万信、李红英、张磊
2014 年 7 月

目　　录

第1章
绪　论

1.1　霜冻的概念

　　霜冻是我国最主要低温灾害之一,北方地区农作物经常遭受霜冻灾害,无论是小麦、玉米、蔬菜等常规作物,还是杏、桃、梨、苹果、葡萄等特色经济林果,都会受到霜冻的威胁。霜冻害轻者使作物、蔬菜、果树减产,重者绝产绝收,严重制约北方农业,特别是经济林果业的发展。在生长季里,当空气温度低于农作物细胞组织所能忍受的极限温度,使作物细胞组织内的水分结冰,细胞膜遭受机械破坏,形成霜冻害。因此,霜冻的发生与作物联系在一起,以农作物是否遭受冻害为标准。可以认为霜冻是作物体温降低到某一界限温度以下,造成植物细胞受损而受害的一种农业气象灾害(朱炳海 等,1985)。

　　霜冻与霜的概念不同。霜是一种天气现象,是指低温使近地面空气中的水汽在农作物表面、地面或物体表面凝华,形成白色冰晶,称为霜;当物体表面出现霜时,仅仅指物体表面温度降至 0 ℃,造成气态自由水分子的凝华结冰,但由于植物细胞液的结冰点往往在 0 ℃以下,不一定会发生霜冻。而发生霜冻时,如空气中的水汽含量少,即使植株表面没有出现白霜,仍然会造成植物组织遭受伤害而发生霜冻(陈尚谟 等,1988)。霜冻与冻害也是有区别的,冻害一般指发生在作物越冬休眠阶段或缓慢生长期间、设施温棚蔬菜生产期间的灾害,通常需要更加强烈和持续的降温,属累积型灾害;而霜冻发生在作物的生长活跃期,危害时间较短,属突发型灾害。

霜冻按照出现的季节,可分为春霜冻和秋霜冻。每年秋季第一次出现霜的日期称初霜日,初霜日到生长季结束期间出现的霜冻称早霜冻或秋霜冻。翌年春季最后一次出现霜的日期称终霜日,生长季开始到终霜日之间出现的霜冻称晚霜冻或春霜冻[*]。早霜冻一般发生在作物未成熟阶段,此时作物还未收获,因剧烈降温导致作物霜冻害,造成作物减产,品质下降。入秋后的气温随冷空气的频繁入侵而逐渐降低,早霜冻发生的频率逐渐提高,强度也逐渐加大,但由于作物在冬前的抗寒锻炼需要一个积累过程,早霜冻发生得越早,作物抗寒性尚未充分形成,危害越重(郑大玮 等,2005)。早霜冻对果树的危害虽然不像对大田作物那么严重,但如叶片过早受冻脱落,由于叶片中的养分来不及向枝干充分转移,对翌年春季的果树生长也会造成一定影响。晚霜冻主要发生在作物苗期和果树萌动期、开花期、幼果期。随着春季气温的逐渐升高,晚霜冻发生的频率逐渐降低,强度也逐渐减弱,但由于作物的抗寒性随着温度升高和发育加快不断下降,晚霜冻发生得越晚,对作物的危害越大。

按照霜冻发生的天气条件和形成原因,可分为平流型霜冻、辐射型霜冻和混合型霜冻(平流辐射型霜冻)以及蒸发型霜冻四种类型。

平流型霜冻是指由北方强冷空气入侵造成的霜冻,常见于我国北方的早春和晚秋,其典型特征是霜冻发生过程伴随着冷空气南下,有一定风力,气温下降快,幅度大,往往在数小时内气温可下降 10 ℃以上,可发生在全天的任何时段,影响范围广,危害时间长,受害作物多,造成的损失大。

辐射型霜冻是指在晴朗无风的夜晚,地面因强烈的长波辐射散热而降温,当气温下降到作物忍受的温度极限以下,且持续一定的时间后,使植物遭受霜冻害。其典型特征是发生在晴朗的夜晚至凌晨,发生时间较短,往往仅数小时,气温下降相对缓慢,发生霜冻的地域性强,辐射霜冻一般呈点片、条带状分布,受害的作物相对较少,危害也相对较轻。

混合型霜冻亦称为平流辐射霜冻,是指因北方强冷空气入侵,气温骤降并伴随一定风力。傍晚或前半夜风停后,夜间晴朗,地表辐射散热强烈,气温再度下降发

---

[*] 本书在没有特别说明时,霜冻均指晚霜冻。

生霜冻,是我国北方最常见的一种霜冻类型。其典型特点是霜冻发生前往往有冷锋过境前的增温过程,霜冻发生过程中,往往前期降温剧烈,空气干冷,后期天空放晴,辐射降温剧烈,由于霜冻发生前后气温变化幅度大,霜冻发生过程持续时间长,容易造成植株细胞迅速脱水结冰。霜冻过程后一般会出现晴天迅速增温现象,使遭受霜冻的植株细胞水分迅速蒸发散失,难以恢复其膨压,导致农作物、果树花蕾和幼果枯萎死亡。这种霜冻类型的发生范围广,危害作物最多,造成的损失最严重,霜冻防御难度大。

蒸发型霜冻指在干旱地区出现降雨后,空气迅速变干,植株因表面水分蒸发迅速冷却,当温度降低到受害临界温度以下时,作物出现受害现象。这种霜冻一般发生在西北内陆干旱区的沙漠附近,由于春季空气湿度很小,且气温接近作物霜冻指标,蒸发促进了霜冻的发生,因发生范围和危害相对较小,一般很少引起重视(郑大玮 等,2005)。

1.2 霜冻形成条件

在春秋季节转换期,气温波动幅度大,白天气温高于 0 ℃,夜间或凌晨气温短时间降至 0 ℃以下,当低温达到一定强度并维持一段时间就有可能发生霜冻。凡是开花期早的果树,如杏树、桃树、李树等,因早春气温低、气温波动大,更容易遭受霜冻害。宁夏在 20 世纪 90 年代曾营造百万亩[*]仁用杏,至今没有建立仁用杏加工企业,原因是大部分杏树均在终霜冻前开花,几乎没有稳定的产量。因此,霜冻的发生首先与气象条件密切相关,低温是形成霜冻的必要条件。当低温达到一定强度并维持一定时间,就有可能发生霜冻。

霜冻的形成与果树类型和其所处的生育阶段密切相关。不同的植物耐受低温的能力有很大差别,一般而言,桃花朵耐冻性较差,苹果、葡萄、梨等的耐冻性中等,枣比较耐冻。同一种植物在不同的生育阶段耐受低温的能力也有很大差别。杏树

---

* 1 亩＝1/15 hm²,后同。

的花芽耐冻力大于花苞,花苞的耐冻力大于花朵,花朵的耐冻力又大于幼果;秦冠苹果的花芽抗冻能力比红富士花芽要强。

霜冻的形成与果园所处的地理位置有关。从地理分布上来看,我国北方受南下冷空气的影响频率较大,发生霜冻的频率高,范围广;我国南方受南下冷空气的影响频率较小,在强寒潮暴发南下情况下才能到达华南和西南,此时冷空气的势力已是强弩之末,但由于热带、亚热带作物的抗寒性差,低温灾害的危害仍很严重。在纬度较低地区的冬季也有可能出现霜冻。

霜冻的形成与果园所处的地形和小气候环境有关。辐射型霜冻危害的程度与受霜冻影响的植物分布、所处的地理位置、地形特征和距离大型水体的远近关系很大。一般而言,洼地、谷地、小盆地和林中空地果园的霜冻要重于邻近的开阔地,农谚有"雪打高山,霜打洼"之说。河谷地、洼地、凹地等区域冷空气容易堆积,受辐射型霜冻的影响相对较重,而山顶、山坡上冷空气不易堆积,辐射型霜冻影响相对较轻,但由于对冷空气没有遮挡,遭受平流型霜冻危害的可能性相对较大。靠近海洋、湖泊、大河等大型水体的区域,由于大型水体热容较大,空气湿度较大,在同样的降温天气下,近地层不容易下降到植物霜冻温度指标以下,遭受霜冻的可能性比远离大型水体的区域相对小,危害也相对较轻。

霜冻的形成与土壤、防霜技术措施等密切相关。由于含水率低和热容小,一般生长在沙土上的植物比壤土或黏土上的植物更容易遭受霜冻害,如宁夏酿酒葡萄霜冻发生较重的区域分布在银川市西南部征沙渠一带的沙地上。植被覆盖度大的区域耐受霜冻的能力要强于覆盖度小的稀植作物,有防护林网保护的作物比没有保护的作物霜冻危害相对较轻。2013—2014年"中国北方果树霜冻灾害防御关键技术研究"项目组在宁夏银川河东生态园艺试验中心试验发现,果园如采用麦秸秆、地膜等覆盖物遮蔽,遇到同样的霜冻天气,果树受害程度相对较轻。

因此,霜冻的形成是天气条件、作物类型、作物发育期、地理位置、地形、土壤等综合因素共同作用的结果。

1.3　霜冻危害机理

霜冻之所以使作物受到伤害,主要是由于温度下降到一定程度后,作物体内的水分发生结冰,细胞受到水分胁迫、机械胁迫和渗透胁迫。虽然作物体内水分结冰是作物受到霜冻害的主要原因,但还不能说结冰就一定会给作物造成致命的伤害,其是否产生危害及危害大小还与结冰持续时间长短、低温强度、作物恢复能力等密切相关。

1.3.1　霜冻与植物组织结冰

植物在遇到霜冻时,其组织结冰有三种形式:细胞间结冰、细胞内结冰、质壁分离。细胞间结冰能否对作物产生致命危害,是由植物阻止结冰的能力、对冰晶胁迫的忍耐力和低温的强度决定的。即使是抗寒能力较强的植物,在温度太低、冰晶生长过大时,也会发生植物组织死亡,但未超过一定限度时,细胞仍可存活。而一旦发生细胞内结冰,细胞膜和原生质就会被冰晶破坏,细胞的死亡则无法挽回(唐广等,1993)。

质壁分离是指,当冰晶形成于原生质和细胞壁之间,冰晶吸收原生质和液泡内的水分,体积膨大,原生质体积相对缩小,致使原生质与细胞壁分离。姚胜蕊等(1991)对苹果枝条和桃花芽的观测表明,低温使果树枝条、花芽等器官的组织出现质壁分离,容易出现胞间连丝和原生质体孤立现象,抗寒性弱的品种质壁分离出现较早且快。

发生霜冻时,如果降温速度不是很快,低温强度也不是很大,多为细胞间结冰;如果降温速度很快,最低温度又很低,才会发生细胞内结冰。对于耐寒性较强的作物,细胞间结冰后,水分能顺利地从细胞内流向细胞间,原生质和细胞液的浓度逐渐提高,冰点随之降低,所以不容易发生细胞内结冰。不抗冻的植物发生细胞间结冰后,水从细胞内向细胞间运动的阻力较大,原生质和液泡脱水较慢,冰点较高,容易发生细胞内结冰(唐广 等,1993)。

1.3.2 霜冻与细胞膜损伤

植物受到低温胁迫时,最先受到伤害的是细胞中的膜系统。当温度降到一定程度时(冯玉香 等,1999),体内产生的过氧化物放出氧的自由基得不到清除,使膜脂氧化,膜发生收缩,出现龟裂或者孔道,膜的透性增大,膜内水溶性物质大量外渗。这样破坏了细胞内的离子平衡,引起呼吸作用减弱,能量供应减少,有毒物质积累,进而膜脂发生降解,最后导致细胞崩溃。如果生理紊乱尚未达到一定程度,温度回升还能恢复,不会造成死亡。一般认为,氧的自由基得不到有效清除,是造成膜伤害的重要原因。正常情况下,膜上结合的过氧化物酶和过氧化氢酶等能够有效清除氧的自由基,保护膜不受伤害。但是,当低温达到某种强度时,酶的活性会降低,以至不能清除氧的自由基,使膜受到伤害。因此认为,酶的活性降低是造成植物伤害的根本原因。

1.3.3 霜冻(结冰)伤害与作物种类和器官

结冰会不会对作物造成致命的伤害,与作物本身的生理特性有关,不同作物对结冰的敏感性有显著差异,据此,冯玉香等(1998a)将作物分为三类:

第一类,不耐结冰的作物。它们对组织内结冰十分敏感,结冰后的叶片全部枯死,即使结冰持续时间很短,叶片也不可避免地受害死亡。其原因是一旦组织内有冰晶形成,生物膜体系就会受到不可逆的损伤而导致细胞死亡。例如甘薯、黄瓜、西瓜和棉花苗等。

第二类,中度耐结冰的作物。这种作物在结冰温度比较高的情况下,升温后常常不显露伤痕或只有轻伤,但是,在结冰温度比较低的情况下,升温后均受害死亡。可以认为这类作物的生物膜系统对组织内的结冰有一定的忍耐能力,在冰晶造成的胁迫没有超过一定限度时,生物膜的损伤是可以愈合或者基本可复原的,超过一定限度则发生无法恢复的变化而导致全叶死亡,如玉米、番茄、烟草等。

第三类,耐结冰的作物。这种作物对组织内结冰有相当强的忍耐能力,只要结冰的温度不太低,升温后都能完全恢复生长。这是由于其生物膜系统对结冰有很强的忍耐能力,低温没有超过一定限度,冰晶的伤害能够被消除,如麦类、油菜、大白菜等。

此外,作物同一发育期的不同器官对霜冻的忍耐能力不同。一般情况下以叶片耐霜冻能力最强,茎秆次之,花果最弱。

1.3.4　霜冻(结冰)伤害与解冻速率

一般认为,结冰造成植物的死亡,不是在结冰之时,也不是冰晶本身,而是结冰之后的解冻,如果解冻过程是缓慢的,则细胞可以恢复或受害相对较轻;反之,迅速解冻则造成死亡的可能会增大。但是,冯玉香等(1998a)通过大量的观测试验研究发现,这种认识并不完全正确,需要分别不同情况:对于不耐结冰的作物,结冰后即使缓慢解冻,组织也不能恢复生长;中度耐结冰的作物,在结冰温度较高和结冰持续时间较短的情况下,缓慢解冻能减轻伤害,在结冰温度较低或者结冰持续时间较长时,缓慢解冻不能恢复生长;耐结冰的作物,只要结冰的温度不太低,不论是缓慢解冻还是迅速解冻都能恢复生长而不出现伤痕,只有当温度降到它能够忍耐的限度以下时,在一定的温度范围内,缓慢解冻才有显著减轻伤害的作用。

1.3.5　霜冻(结冰)与冰核

正常生长的植物体内的水是液态的,水分子之间没有固定的排列,是无序的。温度下降到冰点时,水不会马上结冰,温度继续下降到一定程度,在某些有结构的物质作用下水才会结成冰,这个能诱发结冰的有结构的物质称为冰核。在已经发现的与作物霜冻有关的冰核,可以归纳为三类:细菌冰核、地衣冰核和真菌冰核。

其中,细菌冰核广泛地存在于各类作物上,是诱发农作物发生霜冻(结冰)的关键因子。孙福在等(2000)从我国16个省、直辖市、自治区的51种植物上取样、分离得到158株有冰核活性的细菌,确定分属于3个属17个种和变种,其中有两种为国内外首次报道。地衣冰核相当稳定,即使能严重破坏细菌冰核的胃蛋白酶也不能破坏地衣冰核的活性;能显著影响细菌冰核的酸性(pH<4)和碱性溶液(pH>10)也不能影响地衣冰核的活性,同时,37 ℃的高温也不能使其失活。

作物上存在的各类冰核,均能够诱发作物在相对高的零下低温发生结冰,从而给作物造成伤害。

1.3.6 抗寒锻炼与霜冻

多数植物经过低温锻炼后,抗寒冻能力都有所增强,植物在低温锻炼下,通过上游调控来维持呼吸作用、光合作用和蛋白质合成代谢,进而获得对寒冻的抗性。在人工低温锻炼过程中,一系列低温诱导基因被诱导表达,植物系统获得性抗寒冻能力与低温诱导基因的诱导表达密切相关。短日照在诱导植物抗寒性增强方面具有非常重要的作用,单一低温条件固然能诱导植物抗寒基因的表达,但所获得的抗寒性远远不及低温和短日照可诱导出最强的抗寒性。此外,水分对抗寒性也有重要影响,对冬季禾本科植物的测试表明,地上部含水量保持在65%左右最适宜抗寒锻炼,能诱导最大的抗寒性,干旱和冷冻锻炼都可诱导植物抗寒性增强,但含水量如果过低会影响植株正常生长而不利于抗寒性提高(冯玉香 等,1998a)。

在抗寒锻炼期间,如果气温上升有解除锻炼的作用,使抗寒力下降,但遇适度低温仍可继续再锻炼,抗寒力还可适度提高,但不可能再恢复到原来的水平。因此,早春的变温对果树的危害更加严重。

1.4 霜冻危害症状

我国是遭受霜冻害最严重的国家之一,南方、北方均有发生,尤以北方为重,新中国成立以来,基本每10年就要发生2~3次较为严重的霜冻过程。

早霜冻容易对果实、花芽、枝干等部分产生危害。秋季果实采收前遭遇霜冻,轻者能够恢复,对品质影响不大;重者整个果实冻结,融化后呈水渍状,失去商品价值。秋季果树花芽受冻后,轻者春季发芽迟,萌发后花器不完全或畸形,有时会停留在某一发育阶段;受冻严重时,呈僵芽干瘪状,易脱落,严重影响翌年春季萌发。早霜冻发生时,果树树干白天受热较多的一侧,到夜间温度骤降,昼夜温差大,树干由于内热胀、外冷缩的拉力易使树干纵向开裂,也有因细胞间隙结冰产生的张力而引起树干裂缝；枝条受冻后，组织变脆易折断，受冻严重时，还易引起果树主干死亡。

相对于春季晚霜冻灾害，我国关于早霜冻灾害及其对作物影响的记载和报道较少，中国农业和自然灾害大事件中（郑大玮 等，2013）关于几次典型早霜冻害的记载分别为，1989 年 7 月，河北张家口在盛夏发生了罕见的霜冻，1995 年 9 月中旬，华北北部、东北大部、陕北和宁夏出现严重早霜冻，2006 年 9 月 7—10 日，内蒙古中东部出现严重的早霜冻害，这几次典型早霜冻过程对农业生产造成了较大的危害，但是关于果树受灾的情况没有记载。唐广等在总结苹果霜冻害情况时发现 1981 年 10 月 7—9 日甘肃河西走廊和内蒙古西部、宁夏中北部最低气温突然降至 −11.5～−6.0 ℃，仅宁夏 10 个县的 13 个园艺场统计，金冠、元帅、国光三个品种花芽受冻率分别达 70.9％、50.9％和 43.7％，甘肃张掖试验场有 35 万 kg 苹果冻在树上冻成冰球，化冻后呈水渍状，已失去商品价值，叶片普遍提早枯死（唐广 等，1993）。除上述重大霜冻事件外，各地大大小小的霜冻过程不计其数，给农林业生产带来了较大的影响。

1.4.1 霜冻危害表现

发生在春季的晚霜冻，易引起部分幼嫩的新梢干枯，幼叶受冻叶缘变色、叶片变软、甚至干枯，但主要影响果树的开花和坐果，且不同果树种类、不同器官和不同花位受霜冻害程度都不同。我国北方李子、杏和桃的花期一般较早，梨和苹果的开花期在终霜冻期附近，因此，花期早的杏、李子受霜冻害多于苹果和梨。从春季果树不同发育阶段来看，花芽期和花芽膨大期遇到霜冻危害，外观变成褐色或黑色、鳞片松散，雌雄蕊不发育，导致花芽不萌发，随后花芽基部形成离层，整个花芽干枯脱落。

花蕾和开花期遇霜冻，一般出现花瓣水渍变黑、雌雄蕊变黑或干枯、子房变褐变黑等症状。但调查发现，不同果树花器官受冻表现有一定的差异，如苹果花朵受霜冻危害后，一般是整个雌蕊变黑干枯，花托的外皮层容易剥离，受害轻的，柱头变褐干枯，受害重的，则子房和部分（或全部）雌蕊变黑腐烂；杏花由于雌蕊不耐寒，霜冻害首先冻坏雌蕊,而花朵照常开放,稍重时可冻坏雄蕊,严重时花瓣变色脱落,子房变黑;部分品种梨花和桃花花瓣较耐冻,会出现受霜冻害后花瓣和雄蕊基本没变化,但雌蕊已经变褐、干枯以及子房变黑的现象。项目组在宁夏银川河东生态园艺试验中心调查发现,由于苹果花的结构较为复杂,花序为伞房状聚伞花序,每个花序开花5~8朵,包括1朵中心花和4~7朵边花,中心花开放早于边花1~3天,加上苹果抗寒力从萌芽期—蕾期—开花期—落花期—幼果期逐步减弱,因此,中心花比边花受冻率要高。

幼果期遇霜冻后轻者果面留下冻痕,虽然果实能膨大,但往往形成畸形果,失去商品价值;重者幼果停止膨大,变成僵果,并慢慢萎缩变黑直至脱落;严重者果柄冻伤而直接形成落果(常立民 等,1998;张艳萍 等,2008)。为了了解年度晚霜冻对果树坐果的影响,项目组于果树坐果后开展了跟踪调查,苹果落花至幼果期调查中发现,部分刚开始膨大的苹果幼果,表面正常,但由于前期子房部分受冻,横切开后会发现个别心室变黑的情况,随着果实进一步膨大则会形成畸形果;2014年项目组对杏幼果期霜冻灾后跟踪调查中还发现一种独特的现象:部分水平生长的杏幼果向上的一面出现凹陷、颜色变褐变黑,后经分析,主要是由于杏幼果膨大初期一次大范围降雪过程后出现霜冻天气,水平生长的杏幼果上覆盖的积雪,严重冻伤了果面,后来幼果膨大过程中,果实下半部继续膨大生长而积雪覆盖这一面停止生长,最终形成了半个果样的畸形果。

从生理角度看,霜冻能够引起植株体内生理指标发生明显变化,植物体内超氧化物歧化酶(SOD)、过氧化物酶(POD)和过氧化氢酶(CAT)活性的变化趋势及幅度与果树的抗寒性呈正相关,即抗寒性强的品种SOD、POD、CAT等酶活性高,抗寒性弱的品种SOD、POD、CAT等酶活性较低。研究表明不同果树品种在低温下通过增加游离脯氨酸和可溶性蛋白质将有利于提高品种的抗寒性,王飞等在研究杏花耐寒性时发现,抗寒性弱的品种在低温胁迫条件下丙二醛(MDA)含量高,乙烯释放量大而且早。MDA含量与乙烯释放量与质膜透性(电导率)上升时的起点温度和拐点温度相吻合(王飞 等,1999b)。

1.4.2 霜冻为害规律

霜冻危害有三个主要特点：①霜冻强度越大，即气温越低，降温越快，作物受害也越严重；②霜冻持续时间越久，即一定强度的低温持续时间越长，作物受害也越重；③当霜冻发生之后，如果温度迅速上升并且与阳光同时作用于受冻的作物时，植物受害更重，因为高温和阳光会加快植物细胞间隙中的水分蒸发，使植物因枯萎而死亡。以苹果花为例，项目组运用人工霜冻模拟霜箱（简称人工霜箱），研究了霜冻过程对苹果花的危害，结果发现：子房、雌蕊和雄蕊受冻率与低温强度关系密切，随着温度降低子房受冻率呈明显上升趋势，温度降低到一定程度，受冻率趋于稳定；由于花瓣抗冻能力弱，在 $-4.0 \sim -2.0$ ℃冷冻条件下，受冻率均在 50% 以上，所以花瓣对低温的敏感程度不如子房和花蕊明显。试验低温处理范围内在 $-3.0 \sim -2.0$ ℃冷冻条件下，苹果花致死率随持续时间增加而增加。温度高于或低于这个范围，持续时间对致死率影响不大。

晚霜冻害对果树生产造成的危害程度受果树树种、品种、器官部位、低温持续时间长短、温度下降幅度和升温速率、树体发育阶段、营养状况、果园小地形、小气候、土壤质地、农业技术水平及诸多其他因素影响。受害症状主要表现为雌蕊、柱头或子房干枯变黑，花丝、花药冻干褐变，花瓣失水凋边、幼叶卷曲变形，果实幼果表皮组织分离等（孙芳娟 等，2013）。

在相同的天气条件下，不同地块是否发生霜冻以及霜冻轻重，与地形、地势、土壤等有密切关系。山的北坡迎冷风，少阳光、霜冻重；南坡背风向阳，霜冻轻，东坡和东南坡早晨首先照到阳光，植株体温变化大，霜冻害往往较重；山坡冷空气能沿坡下流，霜冻轻，山下谷地及洼地冷空气堆积，霜冻重；冷空气易流进而又难排出的地形、地势条件下霜冻重，冷空气难进而又易排出的地方轻，山坳、地势低洼果园霜冻害发生程度明显高于沟边果园。靠近水的地方，因为水的热容量大，霜冻较轻；疏松的土壤，热容量小，导热率低，使贴地气层温度迅速下降，作物受霜冻害重，紧实潮湿的土壤则相反（权学利 等，2012）。沙土地霜冻通常重于壤土和黏土地。

不同果树的开花期有差异，开花期从早到晚依次为杏、樱桃、李、桃、苹果、梨、葡萄、核桃、柿、枣等,开花和物候期较早的花器官遭受霜冻害的程度较重,反之则较轻(张建军 等,2009;冯义彬 等,2011)。不同果树开花期霜冻的临界温度有一定差异。苹果、梨、桃、杏、李盛花期重霜冻的等级指标分别为:日最低温度<-2.5 ℃、<-2.0 ℃、<-3.2 ℃、<-3 ℃和<-2.5 ℃(马树庆 等,2008)。果树的不同品种受冻不同,例如苹果品种霜冻害从重到轻依次排列为:红星、红将军、富士、嘎拉(王秋萍,2014)。

春季晚霜对果树的开花和坐果危害甚大。苹果不同开花期重霜冻的等级指标分别为:花芽膨大期为<-4 ℃,花蕾期<-3 ℃,初花期<-2.7 ℃,盛花期<-2.5 ℃(马树庆 等,2008)。由于严冬度过,落叶果树已解除休眠,各器官抵御霜冻的能力锐减,特别当异常升温3~5 d后遇到强寒流袭击时,更易受害。果树花器官和幼果抗寒性较差,开花期和幼果期发生晚霜冻害常常造成重大经济损失。开花期霜冻,有时尚能有一部分晚花受冻较轻或躲过霜冻害坐果,依然可以保持一定经济产量,而幼果期霜冻则往往造成绝产。果树花器官的晚霜冻害,往往伴随着授粉昆虫活动的降低和终止,从而降低坐果率(辛丰,2013)。树体部位不同,受霜冻害程度不同,树冠上部的花朵受害轻,下部花朵和中心花受冻重,边花受冻轻,短果枝上的花芽比中长果枝的花芽受冻重(王秋萍,2014)。

在温度剧变条件下,同样的低温,同样的降温速度,由于树龄和营养状况不同,其受冻程度轻重不一,树龄大,贮藏营养水平高,抗寒锻炼好,霜冻害则轻;反之,树龄小,树势旺,贮藏营养少,霜冻害则重(汪景彦 等,2013)。在同一区域,果树生长发育时期相同,管理好的果园,因其施基肥多,修剪合理,抗霜冻害能力优于管理差的果园(王秋萍,2014)。

1.5 北方霜冻特点

1.5.1 北方霜冻时空分布特征

霜冻在中国北方时常发生,不同作物的耐寒能力不同,霜冻发生的空间分布也不尽相同。根据统计,中国东部平原及丘陵地区,初终霜冻等日期线基本上与纬度平行,越往北初霜日来临越早,终霜日结束越迟。西部地区地势高,地形复杂,致使霜冻出现和结束的时间差异很大。纬度相同的地带,地势高的地区初霜日较早,终霜日较迟。

(1)初霜日、终霜日及霜期的特征

中国北方各地的初霜日出现的日期总体上是自北向南、自高山向平原逐渐后延的。中国西北地区和青藏高原地区,由于受地形和海拔高度的影响,初霜出现的日期相对东部同纬度地区偏早,青藏高原地区最早。中国东部地区,初霜日期由北向南逐渐推迟,呈带状分布。青藏高原区最早出现初霜为 7 月份或全年有霜冻,新疆北部 9—10 月开始有初霜出现,南疆在 10 月份以后;西北地区陕、甘、宁等地 9—10 月开始有初霜出现;东北北部地区 9 月中旬之前出现初霜;东北南部、华北地区 9 月中旬—10 月中旬出现初霜。终霜日总体分布与初霜日分布正好相反。终霜冻从江淮流域由南向北逐渐推迟,黄淮海平原一般在 4 月上中旬结束;东北的大兴安岭、小兴安岭和长白山地区终霜在 5 月之后结束,明显晚于东北平原。西部地区中南疆塔里木盆地 4 月中旬结束霜冻,北疆、陕甘宁地区迟一个月,而青藏高原部分地区一直到 6 月份还有霜存在,有的地区终年有霜。中国各地的霜期主要呈自北向南、自西向东、自高山向平原逐渐缩短的分布。青藏高原、东北北部以及新疆东北部霜期最长,全年在 250 d 以上,其中青海南部地区多达 350 d 以上,是终年有霜的地区(唐晶,2007;李华 等,2007;许艳 等,2009;杨虎,2012;李芬,2012)。

(2)中国北方霜冻分布特征

虽然气候学意义上的霜冻各地每年都会发生,但由于各地作物生长发育状况和气候变率不同,我国北方地区的霜冻灾害多发地带位于东北中部、华北北部和西北中部,这些地区一般 2~3 a 发生一次程度不同的霜冻害。从发生的季节上看,3 月份霜冻多发生在江淮一带,4 月份多发生在冬小麦主要产区的苏皖北部、山东南部、河南中部、山西南部、陕西关中及陇东一带,5 月份多发生在华北北部、东北、西北地区;9 月的初霜冻主要危害北方的偏北地区,10 月份位于海河到淮河流域,11 月份扩展到长江以南,冬季主要影响江南、华南、西南一带地区(许艳 等,2009)。

自 1953 年以来,长江中下游以北及西北地区东部,初霜冻发生时间为正常年份约占50%;偏早、偏晚年份约占35%,特早、特晚年份约占15%左右。终霜日,长江以北的大部分地区正常年份约占50%,偏早、偏晚年份约占30%,特早与特晚年份约占20%。

黄土高原春播作物春小麦和玉米苗期、果树开花期、冬小麦和冬油菜等越冬作物返青后往往发生晚霜冻。根据统计分析,位于黄土高原的山西省北部、甘肃陇东地区、宁夏大部及陕西中北部是霜冻害频繁发生地带,一般2~3 a发生一次程度不同的霜冻害。从发生的季节上看,4—5月山西南部、陕西关中及甘肃陇东一带多发生晚霜冻,9月的早霜冻主要危害北方的偏北地区。西北地区纬度较高,加上气候的大陆性强,霜冻灾害发生频繁(郑大玮 等,2013)。

霜冻害是东北地区主要农业气象灾害之一,由于气温偏低、热量条件不足,遭受霜冻危害的概率较大,如黑龙江省、吉林省、辽宁西部和内蒙古东部经常遭受早霜冻危害,而果树开花期经常遭受晚霜冻危害。东北地区气温的时空变化较大,东、北部低温凉冷地区经常发生低温冷害和霜冻害。平均霜冻日数的地理分布特征明显,纬度越高、海拔越高,初霜日越早;反之越迟。从多年平均看,黑龙江省北部和吉林省东部长白山等高海拔地区初霜日在9月初,东北平原中部在9月中下旬,辽宁省大部在10月上中旬。年平均终霜日地理分布与初霜日相反,东北地区的大兴安岭北部6月上旬才结束霜冻,中北部和东北部终霜日在5月上旬,中南部和西部出现在4月下旬。黑龙江省东北部平均无霜期75 d,中北部和吉林省东部长白山区高海拔地带120 d左右,东北中部多数地区平均140~160 d,辽宁省南部平均170 d左右(冯玉香 等,1999;唐晶,2007;郑大玮 等,2013)。

华北晚霜冻,北部地区一般发生在4月上旬到5月上旬,黄淮海地区发生在3月下旬到5月初。黄淮海地区的霜冻灾害比北部地区严重,原因是北部地区作物发育较晚,对低温尚有较强抵抗力,加上受太行山和燕山的阻挡,冷空气下沉增温,山前平原霜冻较轻,而黄淮海平原东部冷空气可长驱直下,低洼地带往往温度更低,霜冻灾害严重。

1.5.2 我国北方果树霜冻灾害特点

在我国北方果树主产区,霜冻害发生频率高,影响范围广,为害时段长,损失严重。特别是环渤海湾和西北黄土高原地区,晚霜冻害是严重威胁苹果、梨、桃、李、杏、葡萄等多种果树安全生产的自然灾害之一。2001—2008 年烟台市先后发生 6 次程度不同的晚霜冻害(李元军 等,2009);甘肃天水桃树 2001—2010 年晚霜冻发生频率达 60%(许彦平 等,2013);陕西旬邑县 1991—2000 年霜冻发生频率达 40%;2010 年受 4 月 12—15 日较强冷空气的影响,黄土高原区苹果等果树遭霜冻危害,据不完全统计,甘肃受灾经济林木 0.6 万 hm²,陕西苹果受冻面积超过 70 万 hm²、梨树 1 万 hm²、猕猴桃 2 万 hm²、山西 15 万 hm² 果树受灾。而在宁夏,霜冻是第二大自然灾害,每年都有不同程度的发生(张晓煜 等,2001a)。

中国北方果树霜冻害具有突发性、短暂性、局地性等特点,春季土壤解冻后,我国北方果树产区回暖较快。但气温波动较大,常出现较强的寒流或辐射冷却,造成急剧降温。据近 50 年的经验和记载,从 3 月初(惊蛰)至 4 月中下旬(谷雨前后),每隔 7~10 d 会有一次西伯利亚和蒙古冷空气侵袭,冷空气前锋一过,气温可骤降 6~12 ℃,影响持续 1~3 d(王金政 等,2014)。不同地区冷空气出现的时间、频率、强度有所不同,威胁该地区果树安全生产。一般白天天气晴朗,傍晚有较大的降温,傍晚 20:00—21:00 气温开始急剧下降,到午夜 24:00 达到 0 ℃以下,在凌晨 02:00—03:00 迅速降到 −3~−2 ℃以下,从而发生不同的霜冻害。

晚霜危害在 4 月上旬到 5 月上旬均可发生,但以 4 月下旬最为常见。晚霜危害看似突然,但也有其规律可循,每次发生都有先兆。当出现暖春时,应格外注意,由于受暖春的影响,果树物候期提前,幼嫩组织及花器抗性差,极易受害。晚霜发生的时间越晚,破坏性越大(金波,2010)。4 月份是陕西苹果开花时段,洛川、耀州、凤翔的开花期集中在 4 月 11—30 日,绥德、旬邑的开花期集中在 4 月 16—30 日,礼泉、白水、澄城的开花期集中在 4 月 1—20 日(李美荣 等,2009a)。开花期最低气温低于 −2 ℃时中心花受冻率在 60%以上,对产量、品质、商品率产生严重影响,出现严重低温霜冻害(李健 等,2008;李美荣 等,2008)。

霜冻程度一般高海拔地域重于低海拔地域,平缓地重于丘陵地,平流型霜冻重于辐射型霜冻,平流辐射型霜冻出现次数多,影响范围广,对果树生产的危害较为严重。霜冻危害的程度,取决于低温强度、持续时间及温度回升快慢等气象因素。

气温下降速度快、幅度大,低温持续时间长,则霜冻害重。陕西渭北北部至陕西南部、甘肃陇东、山西晋中等地区一般 1～2 a 一次轻霜冻,5 a 一次中霜冻,10 a 左右一次重霜冻(郭民主,2006)。

1.6　气候变化背景下北方霜冻发生趋势

以气候变暖为主要特征的全球气候变化,通过对农业生产及其相关产业的影响威胁到国家和全球粮食安全,并对当今世界经济、生态和社会系统产生了重大影响。在气候变化背景下,极端天气(气候)事件趋多趋强,导致气象灾害发生的频率、强度和区域分布等变得更加复杂和难以把握,加剧了农业生产的波动性,甚至带来严重的农业灾害(蔡运龙,1996)。

1.6.1　北方气候变化背景

近 50 年来中国增暖尤其明显,增暖主要发生在 20 世纪 80 年代中期后。1951—2009 年,全国年平均地表气温增加 1.38 ℃,增温速率为 0.23 ℃/10 a。气温增幅最大的区域是西北地区(0.37 ℃/10 a),其次为东北(0.3 ℃/10 a)和华北地区(0.22 ℃/10 a)(第二次气候变化国家评估报告编写委员会,2011)。受全球变暖的影响,近 50 年来西北地区气候存在着明显的变暖趋势,增温具有明显季节性差异,冬季增温最为显著。但西北地区地域辽阔,地形复杂,各地变暖程度并不完全一致。新疆北部、青海北部、河西走廊和宁夏北部等地的偏高幅度在 0.8 ℃ 以上。从区域分布看,西北地区纬度较高,加上气候的大陆性强,霜冻灾害发生频繁。东北地区 20 世纪 80 年代以来,气候变暖,气温升高、热量资源增加、降水量减少,各地无霜期明显延长,但是气候变暖有不确定性,近几年连续出现冷冬,初霜日也有提前现象。华北地区在全球变暖背景下热量资源更加丰富,自 20 世纪 80 年代以来,华北≥0 ℃和≥10 ℃年积温呈整体增加趋势,空间分布呈北移东扩的变化特征,且气候带向北移动特征明显,向北移动了三个纬度(马洁华 等,2010;杨晓光等,2011)。但由于气候波动加剧,霜冻害风险将加大。

1.6.2 气候变化背景下中国北方霜冻发生的趋势

在全球变暖的气候背景下,极端温度变化特征的区域性和季节性存在差异,霜冻的一些气候特征也发生变化。1961—2007 年,全国平均终霜日期提早 2.0 d/10 a,初霜日期推迟 1.3 d/10 a,无霜期延长 3.4 d/10 a,终霜日期提早幅度大于初霜日期推迟幅度。从年际变化来看,初霜日期 20 世纪 90 年代开始明显推迟,终霜日期 80 年代开始明显提早,无霜期也是 80 年代开始明显延长。中国北方无霜期普遍呈延长的变化趋势,且大部地区一般延长 2 d/10 a 以上,其中东北地区中北部、华北地区东部和北部、黄淮、青藏高原西部及新疆东部延长 4～6 d/10 a,说明中东部地区及青藏高原西部无霜期延长比中西部地区明显。北方大部分地区终霜日期有提前趋势,其中西北地区大部、辽宁大部、山东大部提前 1～2 d/10 a,东北地区中部和北部、华北、黄淮提前 2～4 d/10 a(叶殿秀 等,2008)。

理论上讲,在全球变暖、无霜期延长的背景下,霜冻的灾情应该有所减轻,但事实恰恰相反,近十几年我国霜冻成灾面积迅速增长,成灾比率已从 20 世纪 80 年代的 0.5% 快速增加到现在的 2%。霜冻分布各区域差异较小,相对而言,西北的灾情最严重,东北、华北的成灾比率约为西北成灾比率的一半(房世波 等,2011)。20 世纪 80 年代以来的全球变暖并不意味着霜冻害明显减弱。原因主要是:无霜期正在随温度升高而延长(张正斌 等,2011),作物生长季节也相应延长(徐铭志 等,2004),而生育期长的高产品种的播种比例相应提高,导致作物本身抗冻性降低,所以低温强度尽管有所减弱,但霜冻灾情仍在加剧(郑大玮 等,2013)。作物的不同品种之间,高产优质品种往往抗逆性较差,随着气候变暖,农民往往会自发选用更加高产优质,但抗寒性有所下降的品种。过高估计气候变暖的有利条件,将种植区域过度北扩或过早播种和移栽,也是霜冻灾害加重的重要原因。如华北春季蔬菜育苗移栽比过去提前了 10～15 天。虽然华南冬季变暖远不如北方突出,但由于热带作物的过度北扩和气候波动加大,导致 20 世纪 90 年代以来寒害与霜冻频繁发生,损失超过前 40 年总和的数倍。另外,气候变暖的同时,气候异常和气候变率也随之增加,初终霜日的年际变化加大,霜冻风险增大。

1.6.3 气候变化背景下北方地区果树物候期变化及霜冻灾害

气候变暖背景下,春季物候提前是全球性的现象。近年来随着气候变暖,尤其是冬暖气候加剧,我国果树开花期也明显提前,而春季开花期越靠前,越容易受到寒潮的侵袭,增加了霜冻的风险(李美荣 等,2008;2009b)。

(1)我国北方果树开花期呈提前的趋势

戴君虎等人的研究发现,1963—2009 年,东北地区和华北地区的始开花期分别以 1.52 d/10 a 和 2.22 d/10 a 的速度提前(戴君虎 等,2013)。郑景云等人的研究发现,温度上升,我国的木本植物物候期提前,20 世纪 80 年代以后,东北、华北等地区的物候期提前,且物候期随纬度变化的幅度减小(郑景云 等,2003)。赖欣等人的模型预测结果为东北地区大部分植物物候期提前日数为 2~11 d;华北地区提前日数为 1~21 d(赖欣 等,2011)。新疆喀什 1982—2010 年春季苹果开花期提前 3.8 d/10 a,杏树开花期提前 4.4 d/10 a(阿布都克日木 等,2013)。陕西礼泉苹果开花盛期,1980 年出现在 4 月下旬,近几年受暖冬气候影响,开花盛期提前到 4 月上旬至中旬(李美荣 等,2008)。

甘肃平凉市崆峒区苹果树,1987—2008 年叶芽开花期平均提前 1.1 d/a,展叶盛期平均提前 0.9 d/a,开花盛期平均提前 0.7 d/a,尤以近 10 年最为明显,1997—2008 年苹果的叶芽开放期、展叶盛期、开花盛期平均分别出现在 3 月 29 日、4 月 9 日和 4 月 20 日,比 1987—1996 年的平均日期分别提前了 15 d、11 d 和 10 d(潘晓春 等,2010)。2013 年,因 3 月气温异常偏高,甘肃平凉市东部的灵台、泾川等县苹果开花期较常年提前 5~10 d(杨小利,2014)。甘肃陇东西峰苹果,20 世纪 90 年代与 80 年代相比,叶芽开放期基本未变,但始花期提前 2 d,成熟期推后 13 d,叶芽开放—成熟期延长了 12 d;21 世纪初物候期的变化幅度更加明显,与 20 世纪 90 年代相比,叶芽开放提前 14 d,始花提前 11 d,成熟推后 18 d,叶芽开放—成熟期延长了 33 d(杨小利 等,2010)。

青海贵德县梨树 2001—2011 年平均初花、盛花日期分别是 4 月 14 日和 4 月19 日。而 20 世纪 80 年代中期贵德县梨树的初开花期、盛开花期分别是 5 月 6 日和 5 月 13 日左右,2000 年以后,受气候变暖的影响,梨树开花期较 20 世纪 80 年代中期提前约 20 d(赵年武 等,2013)。宁夏中宁县,2013 年前期气温异常偏高,使杏、李子、桃等经济林果树提前萌动 1~2 周,4 月上旬已经开花或处于花蕾期(王静梅 等,2014)。

(2)果树霜冻发生频繁,灾害程度及经济损失加大

气候变暖使经济林果的开花期普遍提前,抗寒性减弱,而经济林果的开花期对霜冻十分敏感,因此,经济林果开花期遭受晚霜冻的风险在加大,霜冻已成为我国北方仅次于干旱的重大气象灾害。尤其在西北和黄土高原地区,由于气温变化剧烈,霜冻害发生频繁,对果品生产造成很大威胁,如内蒙古、宁夏一带因霜冻而减产的年份竟高达 40%~50%(郗荣庭,1997;张艳萍 等,2008)。

进入 21 世纪的 10 多年来,频繁发生的霜冻灾害使得我国北方地区果树生长受到严重影响,产量降低,经济损失巨大(王正平 等,2004;王锡稳 等,2005;李元军 等,2009;张仕明 等,2012;汪景彦 等,2013;许彦平 等,2013)。2001 年山西运城地区,苹果开花期气温降到 −3.7 ℃,中心花受冻 80% 以上,造成大减产。同年山东烟台梨花受冻较重。2002/2003 年冬季库尔勒香梨受霜冻害果园面积为 0.93 万 hm²;2002 年 4 月 24 日山东烟台地区气温降到 −4 ℃,苹果遭受晚霜危害,损失达 52 亿元。2004 年 5 月 3—5 日,甘肃遭受 50 年来最严重的霜冻危害,农作物受灾 98.94 万 hm²,重灾面积达 64.1 万 hm²,果树不同程度受冻,直接损失达 13.4 亿元。2004 年 5 月 3—4 日宁夏霜冻害总面积多达 80 万 hm²,产量损失达 30% 以上,直接经济损失 2000 多万元。2005 年河北蔚县 3 万 hm² 仁用杏,由于遭受霜冻产量降低,损失 2500 多万元。

2006 年 4 月 11—12 日,低温、雪花伴随着大风袭击了河北、陕西等苹果主产区,苹果花、花蕾、叶片严重受冻,花序受冻率在 90% 左右。2006 年 5 月 13 日的霜冻天气,使正处于最不耐低温霜冻害阶段的葡萄萌发的新枝,苹果、梨、桃、杏的幼果,枸杞花蕾、红枣枣吊遭受到不同程度的霜冻害。宁夏经济林受灾面积 5 万 hm²,葡萄受灾面积近 1 万 hm²,减产 40%~46%,局部地区减产 80% 以上,部分地区苹果、葡萄基本绝产,果品减产 1.5 亿~2 亿 kg,直接经济损失 2.3 亿~2.6 亿元。同

年山东烟台早熟品种苹果花受冻较重。2007/2008 年冬季库尔勒香梨受霜冻害果园面积为1.0万 hm²。同年山东烟台苹果幼果也遭受低温伤害。2010 年受 4 月 12—15 日较强冷空气的影响,黄土高原区苹果等果树遭霜冻危害,据不完全统计,甘肃受冻经济林木 0.6 万 hm²,陕西苹果受冻面积超过 70 万 hm²、梨树 1 万 hm²、猕猴桃 2 万 hm²,山西 15 万 hm² 果树受灾。2010/2011 年冬季库尔勒香梨受霜冻害果园面积达到 2.0 万 hm²。2013 年 4 月 3 日至 11 日,受较强冷空气影响,西北地区出现两次寒潮天气过程,出现较大范围霜冻,造成甘肃、宁夏和陕西中北部苹果、桃、李子、杏、梨、核桃等处于开花期的果树大面积受冻,明显影响坐果率;部分地区李子、杏、梨基本绝收,苹果、桃不同程度减产;陕北、陕南核桃花序变黑、落花,部分嫩叶被冻坏,多数核桃园基本绝收;地势低洼处处于展叶期的猕猴桃幼苗近地面幼叶受冻较重。2013 年 4 月 19 日,邢台县突遭雨夹雪天气,山区降雪厚度达 13 cm 以上,夜晚最低温度达 −6～−5 ℃,创下了邢台市气象观测站建站以来的最晚终雪日记录,各种果树恰逢开花期,冻灾严重,全县果树受冻面积达 4.0 万 hm²,苹果、板栗、核桃基本绝产,经济损失 6 亿余元。

🌱 第 2 章
果园霜冻发生规律

2.1　果园气温的时间变化

2.1.1　果园气温的季节变化

在果树长势、地形、坡度、坡向、水体、土壤理化性质以及气流湍流交换、果园防护林等因素的综合影响下,果园气温随着大气温度的变化存在明显的特点(陈尚谟等,1988;赵东侠,2008)。

为了更好地了解果园内气温的变化特点,掌握果园霜冻发生规律,为果园气象灾害监测、预测和防御奠定基础,项目组在宁夏银川河东生态园艺试验中心选择了 4 种不同地段 A(西)、B(东)、C(北)、D(南)对园内空气温度的季节变化进行了连续多年的系统观测。

春季(3—5 月):春季 4 个观测点平均气温基本呈直线上升趋势(图 2.1),气温迅速回升有利于苹果、桃、李、杏等果树的萌动、开花(刘延杰,1997)。从观测结果来看,不同地点气温变化也存在一定的差异性。A 点由于地势低洼,空气乱流交换能力较弱,冷空气下沉后不易流通,因此春季月平均气温明显低于地势开阔的 B、C 两点;D 点由于处于果园深处,园内果树密集,树干、树冠等对气流的摩擦和阻挡作用明显,使得该区域气流交换能力明显偏弱,因而春季气温也较低。但春季气温的起伏波动也有其不利的一面,通过连续多年观测发现,A 点与 D 点在春季最易遇到辐射性降温天气的影响,这是因为冷空气在下沉过程中往往在上述区域形成冷气团,冷空气由于无法及时排出而极易在这两个区域形成严重的霜冻灾害,导致苹果、杏等在开花期、幼果期受冻,造成大的经济损失。例如 2013 年 4 月 11 日,观测区域遭遇霜冻天气过程,A 点与 D 点夜间气温降至 $-3.0 \sim -1.0 \, ℃$,低温持续时间达 $5 \sim 6 \, h$,导致处于盛开花期的杏树全部受冻,杏树大面积绝产,处于花蕾期的苹果也遭受不同程度的影响;再如 2014 年 5 月 4 日凌晨上述两个区域再次遭受辐射性降温天气过程,A 点与 D 点低于 $-2.0 \, ℃$ 的低温持续 $4 \sim 5 \, h$,使处于幼果期的杏树受冻,处于幼果期的苹果严重受冻,苹果绝产面积达 90% 以上,而相对处于开阔环境的 B、C 两点,气温则相对较高(图 2.2),其周边杏树、苹果等果树也未受到较大的影响。

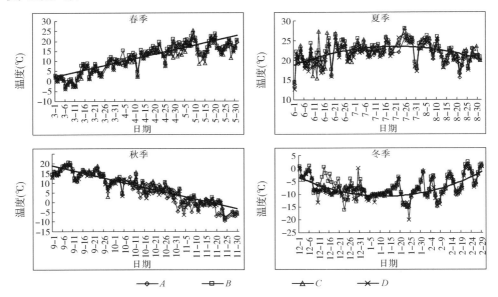

图 2.1　2011/2012 年度银川河东生态园艺试验中心不同测点气温季节变化趋势

(注:A 点地势低洼,相对其他地段低约 4.5 m,B 点与 C 点处于果园边缘约 150 m 范围内,地势相对开阔,D 点地势平坦,位于果园深处)

夏季(6—8 月):园内果树已充分展叶,气温逐步升高,从图 2.1 监测情况来看园内平均气温基本维持在 20 ℃ 左右,基本在 7 月下旬园内平均气温达到最高值,但此时园内气温明显低于外界气温,且最高气温出现的时间也略有延后,这种温度变化对防止夏季果实出现日灼病有很好的调节作用,归其原因,一方面是果树树冠对阳光有一定的遮蔽、阻挡作用(代永利,2013);另一方面是夏季雨水丰富,园内空气湿度较大,使得园内气温变化趋势比较平缓,因而可有效避免园内温度过高而影响果实膨大。

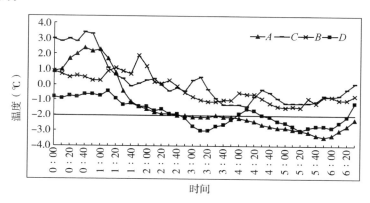

图 2.2　2014 年 5 月 4 日不同观测点每小时平均气温走势(0 时至 06 时 20 分)

秋季(9—11 月):果树进入成熟收获期,此阶段树叶开始枯萎掉落,园内透风、透光效果增强,对果实着色有着很好的促进作用,但秋季气温缓慢下降的同时园内气温昼夜温差也逐渐增大,这个阶段很容易出现初霜冻灾害天气,对果实品质会造成一定的影响(郑大玮 等,2013)。从图 2.1 监测结果来看,A、D 两点气温下降速度最快,10 月中旬至下旬平均气温明显低于 B、C 两点,而进入 11 月以后各点气温均下降至 0 ℃以下,整个 11 月份 A、B、C、D 四个监测点平均气温分别为 -2.7 ℃、-0.6 ℃、-0.3 ℃和 -1.7 ℃,与春季气温变化趋势呈相反趋势。

冬季(12 月—翌年 2 月):此阶段园内果树进入休眠期,园内气温基本维持在 -10 ~ -5 ℃之间。当年 12 月至翌年 2 月份气温呈现高-低-高的变化趋势,1 月份平均气温最低,基本维持在 -10 ℃左右,最低气温在 -15 ℃左右,进入 2 月气温开始缓慢回升。从监测结果来看,A 点与 D 点气温仍是 4 个观测点中温度最低的区域,与 B、C 两点的温差在 0.5 ~ 1.0 ℃左右。冬季持续低温有助于果树休眠,杀灭害虫,可为翌年果树生长发育奠定良好的基础(李传荣 等,2001)。

综上所述,果园气温有着明显的季节变化特征。春季园内气温缓慢回升,果树开始萌动,幼芽、幼叶及花蕾随着园内气温的回升开始发育,但春季气温波动明显,剧烈的升温之后常伴随一定程度的低温过程,对果树的幼芽、幼叶和花蕾易造成不同程度的霜冻害,因此春季的 4—5 月份是果园防霜冻关键期;夏季果树树冠完全展开,在园内形成一定的遮蔽空间,能够起到一定程度的降温作用,这种局部小气候的形成对于减少土壤的无效蒸发、改善林下植物的生长状况、防止林下植物灼伤有着促进作用,但夏季雨水较多,也是果园防治病虫害的关键期;秋季果实进入成熟收获期,此时园内气温逐步下降,11月份左右气温下降至 0 ℃以下,树体停止生长、树叶枯落,果树进入休眠期(陈尚谟 等,1988);冬季气温逐渐降至-10~-5 ℃左右,最低温度出现在1月份,适当的寒冷,对于需要休眠的落叶果树来讲,不但不会造成危害,反而能增强果树抗寒能力,有助于春季树体正常萌发(郑大玮 等,2013)。

2.1.2　果园气温的日变化

(1)不同天气条件下果园内气温日变化

分析 2011—2013 年银川市河东生态园艺试验中心果园各点气温资料,选取夏季晴天、多云、阴雨的典型代表日,得到不同天气条件下气象要素的日变化图,以 1 月、5 月、7 月、10 月代表冬、春、夏、秋季给出各季气象要素日变化特征。果园内不同季节 1.5 m 和 3 m 高度气温都呈现出昼高夜低型的日变化波形,波形的振幅随高度升高而减小,且越接近极大值出现时刻两高度层温度差异越大,不同高度间的温度差异在±1 ℃之间;而且晴天气温变化出现单峰型曲线,阴天出现双峰型曲线,雨天变化振幅较小,高度间差异也较小。

天气条件也是影响气温日变化的重要因素,冷暖空气活动、云盖及降水天气等对气温变化都有显著的影响,有时甚至可以完全改变其原有特征(谢静芳 等,2003)。如图 2.3 为晴天、多云天、阴雨天三种不同的天气条件气温日变化特征图,由图可看出:晴天,光照条件较好,太阳辐射变化差异大,果园温度日变化显著,呈起伏明显的单峰型。早 07 时逐渐升温,15 时左右达到最大值,随着太阳高度角的降低,17 时以后开始迅速下降;而夜间 00 时到次日凌晨 07 时降幅较缓。白天地面接受阳光照射迅速升温,近地面温度较高。10—18 时 1.5 m 高度的气温高于 3 m 处的气温,且越靠近最大值温差越大,温差范围为±2 ℃;傍晚地面辐射减少,近地层温度下降较快,使果园 3 m 高度的气温高于 1.5 m 处气温。

多云天,由于云层直接影响到达地面的太阳热辐射总量和地面的长波辐射,阻止地面向外发射的长波辐射,增加云向地面的长波辐射。因此,云系变化也会影响近地面层气温的变化(谢静芳 等,2003)。如图 2.3 所示,多云天果园内气温日变化较晴天复杂,白天因为云层遮挡,果园升温趋势缓慢,甚至会出现短时下降,但傍晚 18 时开始,同晴好天气气温变化规律一致,果园 3 m 高度的气温高于 1.5 m。多云天时受大量云层遮挡太阳辐射强度较弱,近地层气温日变化较晴天明显减小,温度日变化呈现双峰型,07 时逐步升温,09 时升温幅度减缓,13 时和 17 时分别出现两次极值。总体而言,1.5 m 和 3 m 两高度气温变化趋势一致,除 12—15 时外的其他时段均表现为 3 m 高度气温高于 1.5 m,且二者日温差为±1.5 ℃。

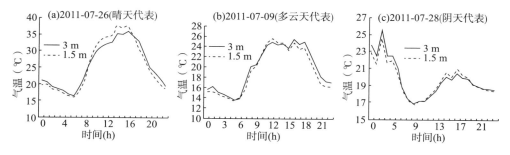

图 2.3　不同天气条件果园内不同高度气温日变化

阴天,由于太阳照射极其微弱,大气温度较低,果园内温度随之变化幅度较小。此时,冷暖气团影响及其交替对果园气温日变化具有显著影响,不仅改变气温日变化幅度,还会造成气温持续下降,使其变化特征发生显著改变,甚至完全失去正常的基本形态特征(谢静芳 等,2003)。由图 2.3 中阴天代表图可以看到,03 时果园温度出现极大值,05 时开始下降,10 时以后由于外界温度回升,果园温度又呈上升趋势,分别在 15—17 时出现较大值,但增幅较小(4 ℃左右)。由 1.5 m 和 3 m 温度变化趋势对比结果显示,一天中两高度间的气温差异在±1 ℃之间,且仅有 14—18 时 1.5 m 高度的气温略高于 3 m 高度的气温,其他大部分时段两高度温度变化差异较小。这主要由于阴天太阳辐射微弱,白天地面温度低于大气温度,加之果园内空气对流强度较弱所致。

由以上分析可知,果园 3 m 处和 1.5 m 处气温差异在晴天时最大,阴天最小,且随着时间的变化,不同高度气温差异不同。果园中不同高度的气温日变化呈明显的单峰曲线,且形状相似,晴天和多云天气在 15 时呈最大值,而阴天在 03 时左右达到最大值,按照一天内最高气温从高到低排序为:晴天、多云、阴天,因为云层越多,白天地面接受到的太阳辐射越少,最高气温越低;晴天最小值出现在 06 时,而阴天与多云在 05 时,按照一天内最低温从高到低排序为:阴天、多云、晴天,因为夜间云层覆盖不宜使地面热量散失,最低气温反而比晴天高,所以一天的气温日较差比晴天小。

不论哪种天气类型,非太阳强烈照射时,不同高度气温的共同特点为:早、晚和夜间随着高度的增加温度越高,反之越低;而在太阳强烈照射时,随着高度的增加,温度越低。因为非太阳强烈照射时段和夜间,果园冷空气下沉,地表温度最低,在一定范围内,高度与温度成正比。太阳强烈照射时却相反,由于地面受到阳光的辐射,地表温度最高,高度增高温度反而降低。所以造成晴天 00 时至 09 时,3 m 处气温高于 1.5 m 处,10 时至 14 时,又低于 1.5 m 处气温,之后又恢复 3 m 处气温高于 1.5 m 处气温的状况;多云天在 11 时至 15 时,阴天 11 时至 17 时出现该状况。因此,云层较多时,低层气温高于高层气温的时间段较长。

(2)不同季节果园内气温日变化

不同季节果园内 1.5 m 和 3 m 气温日变化曲线,如图 2.4 所示,1.5 m 和 3 m 气温日变化较为相似,都为昼高夜低型。春、夏、秋、冬一天中 3 m 与 1.5 m 两高度间温度差异分别大约在 0.1~1 ℃、−0.6~1.4 ℃、−0.4~0.7 ℃、−0.9~0.1 ℃,高度越高,气温的振幅越小,1.5 m 高度气温振幅比 3 m 高度波形振幅大,且越接近极大值,出现时刻两高度层温度差异越大,主要因为对流层大气的主要热源是地面,白天太阳辐射增强,地面温度升高快,随着高度的增加,距离地面越远气温越低;春季、夏季、冬季两高度层振幅差异明显,秋季差异较小。就极值出现时间而言,春、夏、秋季两层最高温度均出现在 14—15 时,冬季比春、夏、秋三季略有滞后,出现在 15—16 时;午后随着太阳辐射的减弱气温逐渐降低,春、夏季最低温度出现在 06—07 时,秋季出现在 07—08 时,冬季在 09 时左右。另外,气温最高、最低时的位相随高度增加而滞后,夏季较为明显;春、秋、冬季辐射逆温现象不明显,夏季辐射逆温 17 时左右开始形成,次日 10—11 时消散,傍晚 18 时左右逆温强度最大,达

1.4 ℃(1.5 m);冬季白天 15 时左右出现逆温,最强逆温可达 0.7 ℃(1.5 m)。这与果园局地小气候条件有关,也反映了果园夜间冷却和日间辐射的强度。由图 2.4 还可以看出,果园内昼夜温差较大,一年中两高度层平均昼夜温差均超过 14 ℃,春、秋季日较差大,冬季最小,这对果实品质的形成意义较大,与秦承平等(2002)研究的三峡坝区气温日变化特征一文中的结论一致。

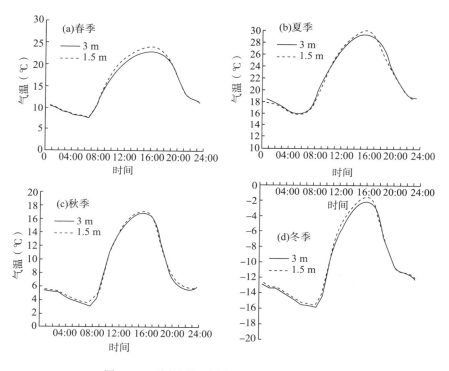

图 2.4　不同季节不同高度果园内气温日变化

2.1.3　果园气温的年变化

一年四季果园不同高度气温变化均呈单峰曲线(图 2.5)。其中 1 月份气温降到最低值,4 月份骤升 5 ℃以上;而到 7 月份气温升至最高,8 月开始有所下降。一年四季中,4—7 月期间即果树生长的关键生育期,3 m 高处气温高于 1.5 m 处气温,说明苹果生长关键生育期内大部分时间,果园内垂直高度越高,气温越高,吸收太阳辐射越多,有利于果树光合作用及苹果的发育及生长。而其他季节,垂直高度越高,气温越低。

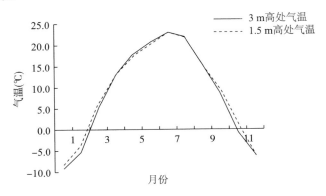

图 2.5　果园不同高度气温季节变化

2.2　果园气温的空间分布

2.2.1　气温水平分布

晚霜冻害发生后的危害程度主要取决于果园的地理位置(焦世德,2012)。局地环境和下垫面特征不仅对气温分布有重要影响,也对逐日、各季节气温分布及变化有重要影响,除地理位置不同外,不同的高程、所处环境等因素导致各站点气温的差异。下面就果园气温水平分布特征进行分析。

晴天、多云、阴天三种情况下,B 点日平均气温均最高,且逐时气温基本高于其他站点,这与 B 点所处地理位置有关,B 点远离黄河,而且地势平坦,热容量小,温差较大,升温较快,气温较高,是相对最不容易发生霜冻的地点;A、D、E 点气温较低,因为地势较低,尤其 A 点处于谷地,遇降温天气很容易发生冻害。

从逐时气温(图 2.6)看,晴天、多云、阴天变化趋势基本一致,均呈单峰曲线,但达到峰值的时间不一致。晴天、多云天气时,B 点、C 点达到峰值基本早于其他三个站点,且晴天多在 16 时后达到峰值,多云天气为 14 时,阴天为 13 时。夜里气温呈下降趋势,晴天、多云天气在凌晨 06 时各站气温基本降到最低,阴天在 04 时达到最低气温,之后开始升温;达到最低气温之前,晴天的逐时气温低于其他天气情况。

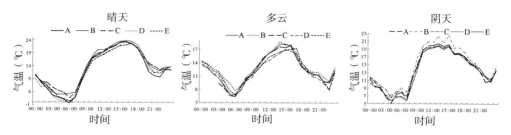

图 2.6 晴天、多云、阴天各站点逐时气温变化

（图中每时刻温度为该时刻多日平均值）

2.2.2 水平方向各点与中心点气温的关系模型

为分析果园气温水平分布，选择果园各站晴天、多云、阴天等代表性天气，分析地段 A（西）、B（东）、C（北）、D（南）1.5 m 高度处气温与中心点 E 的气温对比关系（图 2.7）。从图 2.7 中可以看出，三种天气条件下，各站 1.5 m 高度处气温与中心点关系模拟效果相似，其中晴天各站相关系数均达到 0.98 以上，拟合效果良好，阴天拟合效果次之。

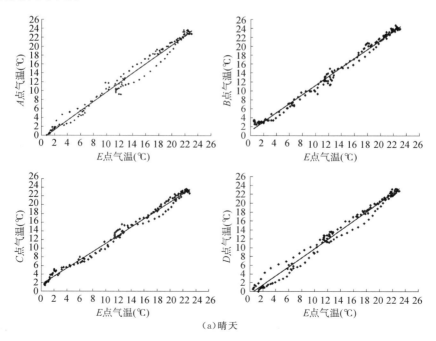

（a）晴天

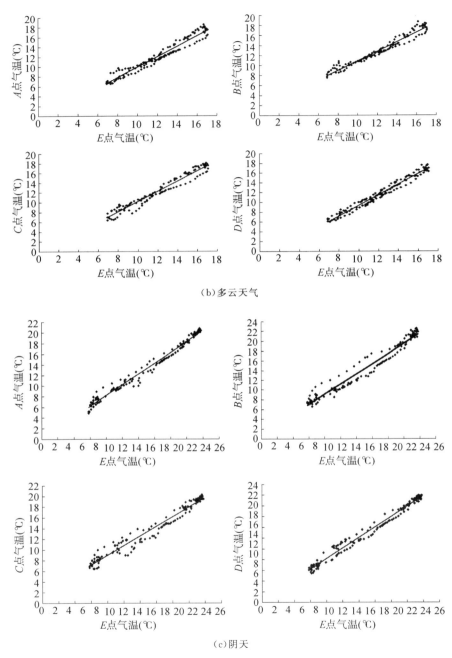

（b）多云天气

（c）阴天

图 2.7　各站晴天、多云、阴天 1.5m 高度处气温与中心点气温关系

根据各类天气情况下各站气温分布关系,建立关系模型,如表 2.1 所示:

表 2.1　*A*、*B*、*C*、*D* 与 *E* 点 1.5 m 高度气温关系模型

站点		关系模型	R^2
	A	$y = 1.602x - 0.903$	0.983
晴天	*B*	$y = 1.021x + 0.957$	0.989
	C	$y = 0.952x + 1.650$	0.988
	D	$y = 1.040x - 0.617$	0.983
	A	$y = 1.054x - 0.575$	0.939
多云	*B*	$y = 0.946x + 1.395$	0.950
	C	$y = 1.046x - 0.280$	0.952
	D	$y = 1.077x - 1.432$	0.970
	A	$y = 1.012x + 0.145$	0.983
阴天	*B*	$y = 1.039x + 0.855$	0.959
	C	$y = 0.899x + 1.821$	0.963
	D	$y = 0.974x + 0.428$	0.982

注:式中 y 为 *A*、*B*、*C*、*D* 四站 1.5 m 高度处气温, x 为 *E* 点 1.5 m 高度处气温

2.2.3　垂直高度上气温间的关系模型

选择果园各站晴天、多云、阴天的代表性天气,分析 3 m 高度处与 1.5 m 高度处气温的对比关系(图 2.8)。为了更好地比较三种模型在不同天气条件下的线性关系模拟效果,另外计算了不同高度气温的相关系数 R。从图 2.8 中可以看出,三种天气条件下,3 m 与 1.5 m 高度处气温关系模拟效果相似,相关系数均达到 0.99 以上,非常接近 1,拟合效果良好。

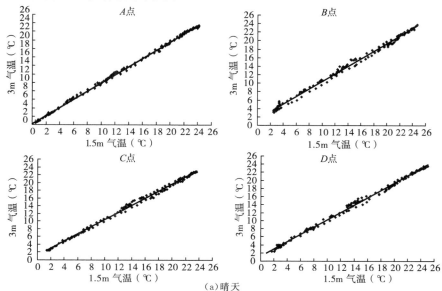

(a)晴天

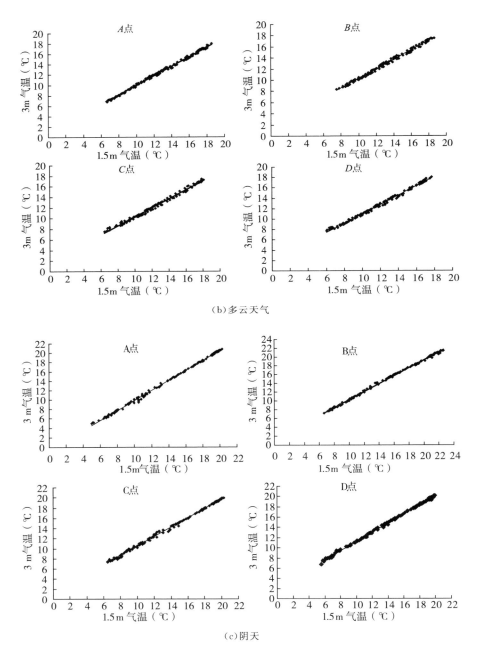

（b）多云天气

（c）阴天

图 2.8　各站晴天、多云、阴天 3 m 高度与 1.5 m 高度处气温关系

根据各站各类天气情况下不同高度气温关系，建立关系模型，如表 2.2 所示。

表 2.2　不同高度气温关系模型

	站点	关系模型	R^2
晴天	A	$y = 0.9705x + 0.1739$	0.998
	B	$y = 0.8935x + 1.4657$	0.996
	C	$y = 0.9262x + 1.1571$	0.996
	D	$y = 0.9102x + 2.157$	0.996
多云	A	$y = 0.9141x + 0.8283$	0.997
	B	$y = 0.8515x + 1.7306$	0.992
	C	$y = 0.8385x + 1.9436$	0.992
	D	$y = 0.8841x + 2.156$	0.994
阴天	A	$y = 1.0614x - 0.7604$	0.998
	B	$y = 0.9032x + 1.2336$	0.998
	C	$y = 0.9188x + 1.3377$	0.998
	D	$y = 0.8972x + 2.2281$	0.999

式中：y 为 A、B、C、D 四站 3 m 高度处气温，x 为其 1.5 m 高度处气温

　　对回归模型的拟合和预报准确度进行检验，则获得不同高度气温关系模型的拟合准确，晴天各站计算的 3 m 高度处气温的绝对误差（果园模拟值与实测值的差的绝对值）在 3 ℃以下的占 91%，阴天占 96%，多云天气达到 98%，拟合最好。

　　综上所述，果园春季最低气温出现在日出后的 05 时左右，最高值出现在 15 时左右；晴天气温日较差最大，阴天最小；夏季气温季节性变化最小；冬季最大，与前人研究成果相符。果园内不同季节不同高度气温都呈现昼高夜低型的日变化波形，气温振幅随高度升高而减小，且越接近极大值出现时刻两高度层温度差异越大，晴天气温变化出现单峰型曲线，多云天出现双峰型曲线，阴天变化振幅较小；另外，不同高度气温差异在晴天时最大，阴天最小，且随着时间的变化，不同高度气温高低关系不同，但不论哪种天气类型，非太阳强烈照射时，不同高度气温的共同特点为：早、晚、夜间时，随着高度的增加，温度越高，反之越低；而在太阳强烈照射时，高度越大最高气温越低，该研究结论符合大气辐射和逆辐射的规律。

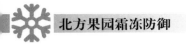

2.3 树体温度的空间分布

2.3.1 树体温度的垂直分布规律

（1）茎干

在苹果树同一方位分别观测 100 cm、150 cm 、200 cm、250 cm 四个高度茎干温度数据,通过分析 2013 年 4 月 24 日至 5 月 20 日树体不同高度茎干温度分布(图 2.9)发现,与同一时间测得的四个高度的气温数据来对比,无论是平均气温、最高气温还是最低气温差异都在 0.5 ℃ 以上,可见不同高度茎干的温度差异比较明显。从图 2.9 中可以看出,平均温度差异较小,在 2.0 ℃ 以内,以 250 cm 高度处最高。茎干温度差异较大,250 cm 高度处最高,150 cm 高度处和 200 cm 高度处差异不大,100 cm 高度处的最高温度最低,250 cm 高度处和 100 cm 高度处的最高温度差异达到8.3 ℃。最低温度出现在 150 cm 高度处,达到了 -0.5 ℃,200 cm 高度处和 250 cm 高度处的最低温度略高于 0 ℃,100 cm 高度处的最低温度最高,为5.6 ℃。差异达到了 6.1 ℃。

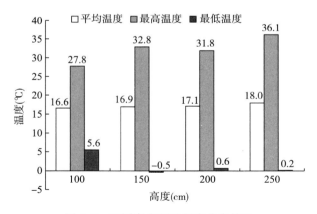

图 2.9 不同高度茎干温度分布情况

从 4 月 25 日(晴天)不同高度茎干温度的日变化(图 2.10)情况可以看出,100 cm高度处茎干的温度变化幅度最小,其日较差仅为 18.5 ℃,250 cm 高度处的日较差最大,达到 28.1 ℃,150 cm 高度处和 200 cm 高度处温度日较差在 25 ℃ 左右。从图2.10中看出,白天日出以后,不同高度茎干的温度均迅速提高,250 cm高度处的茎干温度高于其他三个高度,可见此高度受到太阳辐射影响最大,这一点与果园中果树的分布情况一致,即果树的最高处受到太阳辐射最多,其最高温度达到了四个不同高度的最高。晚间四个高度茎干温度的变化较白天更为平缓,这是由于白天受到太阳照射的原因,树荫、空气扰动等影响因素较多,导致白天的茎干温度变化起伏不定,夜晚的影响因素相对较少,茎干温度的变化较为平缓,这也是在白天最高温度出现的时间不一致,而夜晚最低温度出现的时间相对一致的原因。试验中所测100 cm高度处的茎干为果树的主干,直径超过了20 cm,温度探头可达到5 cm深处,其他三个高度的温度探头均在果树的分枝上,直径均在3~5 cm之间,可见果树的茎干越粗,茎干温度升温、降温越慢,日较差越小,反之则升温、降温越快,日较差也越大。在茎干温度垂直分布上,受到太阳辐射的影响最大,茎干粗细的不同也会使茎干温度有所不同。

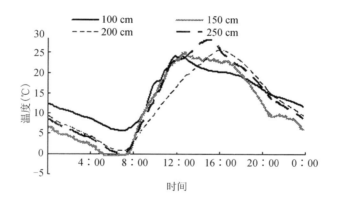

图2.10 4月25日不同高度茎干温度日变化

(2)叶片和花朵

由于果树在100 cm高度处和250 cm高度处的叶片和花朵较少,主要集中在150 cm高度处到200 cm高度处间,选择150 cm高度处和200 cm高度处的叶片分析温度垂直分布情况。图2.11是5月5日(晴)叶片温度的分布情况,温度探头紧贴在叶片的下面。从图2.11中可以看出,在下午17:30以后直到第二天上午10:00之前,不同高度的叶片温度差异很小,变化规律几乎一致。其主要差异在10:00—17:30

之间,在 10:00 之前,太阳辐射还不够强烈,且温度探头在叶片底下,叶片的遮阴作用使不同高度的叶片温度保持一致。在 10:00—17:30 之间,由于低处的树荫较多,高处的树叶受到的太阳辐射逐渐超出了低处的叶片,导致 200 cm 高度处的叶片增温快于 150 cm 高度处。前者的日平均温度比后者的高 0.67 ℃,最高温度比后者高 2.6 ℃。对于不同高度的花朵,其温度分布规律和叶片类似,也是受太阳辐射影响最大,较低处容易受到树荫遮挡,在中午时分低处花朵的温度会低于高处的花朵。

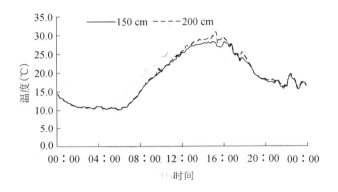

图 2.11　5 月 5 日(晴)不同高度叶片的温度分布情况

2.3.2　不同方位树体温度的分布规律

以花朵的温度分布规律来说明不同方位树体的温度差异,图 2.12 是 4 月 25 日 200 cm 高度处东侧和西侧花朵的温度分布情况,从图中可以看到,东侧的花朵温度在 08:00—13:00 高于西侧花朵温度,13:00—16:00 则相反,08:00 之前,16:00 之后,两侧的花朵温度保持一致,这和太阳照射的时间恰好一致,可以看出,太阳辐射的多寡直接决定了花朵的温度,也决定了花朵温度的变化情况。

2.3.3　阴面和阳面温度分布规律

由于花朵、叶片温度均受到风和太阳辐射等因素的影响,同时 250 cm 高度处受到的太阳辐射最强,树荫等不会遮挡,选择 250 cm 高度处的茎干研究果树阴面

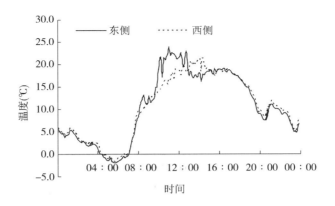

图 2.12　4 月 25 日 200 cm 高度处不同方位花朵的温度分布情况

和阳面温度分布规律。图 2.13 是 4 月 29 日（晴）所测的 250 cm 高度处茎干阴面和阳面温度以及同高度气温的变化情况。从整体来看，气温的波动较大，茎干温度波动较小，这也说明茎干温度受外界因素影响比气温要小。阳面茎干温度的最高值比阴面的高 2.8 ℃，平均值高 0.8 ℃。茎干阴面和阳面的差异出现在 11:00—17:00，11:00—16:00，阳面的增温速率明显高于阴面，最高温出现在15:00。16:00—17:00之间阴面的温度继续增高，但阳面的温度开始下降。17:00 以后两者基本一致。

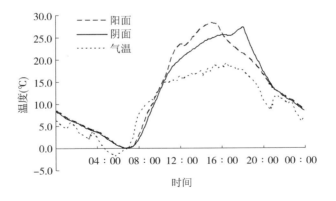

图 2.13　250 cm 高度处茎干阴面和阳面的温度分布情况

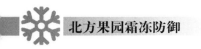

2.3.4　果树不同部位温度和气温的相互关系

利用所观测到的气温及果树茎干、叶片、花朵的温度数据,建立茎干、叶片、花朵温度与气温的关系模型(表 2.3)。模拟结果表明,叶片和花朵在不同天气状况下与气温的关系相关性都很好,决定系数在 0.95 以上,这是由于叶片和花朵热容小,其温度和气温差异很小,受到气温的影响较大。在分析茎干与气温的关系时发现,茎干温度与气温的关系受天气状况影响较大,需要分天气类型分析。

从表 2.3 中的决定系数看,果树茎干、叶片和花朵的温度和气温均呈正相关,茎干温度与气温的决定系数在任何天气状况下都明显低于叶片和花朵的决定系数,叶片温度和花朵温度变化与气温的变化更为一致。从模拟值和真实值的平均绝对误差来看,也是叶片和花朵的平均绝对误差明显小于茎干。

表 2.3　果树不同部位温度与气温的关系模型

部位	天气	回归模型	决定系数(R^2)	平均绝对误差(℃)
茎干	晴天	$y = -0.0032x^2 + 0.8723x + 3.757$	0.85	2.02
	阴天	$y = -0.026x^2 + 1.6339x - 1.797$	0.83	1.67
	雨天	$y = -0.0229x^2 + 1.6224x - 3.197$	0.86	1.00
叶片	—	$y = 0.9766x + 0.303$	0.99	0.49
花朵	—	$y = 0.9908x + 0.157$	0.96	0.69

注:式中 y 为果树不同部位温度,x 为气温

2.4　果园霜冻发生规律

2.4.1　季节规律

中国北方地区,果树在春季萌芽至幼果期和秋季果实成熟期都有可能遭受霜冻天气,芽、新梢、叶片、花、果实等均会受冻。杏、桃、李子、梨、苹果等多数经济林果的开花期和幼果期多集中在 4 月上旬至 5 月中旬,部分年份或者部分较温暖地区的开花期可提前至 3 月下旬,而这一时期北方冷空气活动频繁,加之花和幼果耐冻性相对较差,因此春季开花、幼果期是果树受霜冻影响最大的时期。在这期间,

由于 4 月份北方冷空气活动更为频繁，霜冻发生概率更高，影响最为严重。据统计，宁夏各站的终霜日（日最低气温≤2 ℃）在 4 月下旬至 5 月下旬之间，全区平均为 5 月 6 日（张磊 等，2013），霜冻日数中 70％以上出现在 4 月份；北京的多年平均终霜日（日最低气温≤2 ℃）在 4 月 10 日（何维勋 等，1992）。

2.4.2　时间规律

一般情况下，日最低气温多出现在每日的凌晨 05：00—07：00。在果园中的实际观测发现，霜冻多出现在凌晨 03：00—06：00（杨洋 等，2014；吴佩芳，2009），持续时间多在 3 h 以内，但也经常有凌晨 01：00 左右气温即降至 0 ℃以下，持续时间可达 4～6 h，极个别的情况下，霜冻天气可出现在晚上 22：00 甚至更早，持续时间可达 6～8 h 或更长。根据宁夏气象科研所设在银川河东生态园艺试验中心果园内的自动气象站资料分析（杨洋 等，2014），虽然春季观测期果园内日最低气温分布在 9 个时次内，但集中出现在凌晨 05：00—06：00 和晚上 23：00（图 2.14），这 3 个时次出现最低气温的天数合计有 53 d，占总数的 67％。最低温度出现在 23：00 的主要都是云系较多的阴天或雨天；出现在凌晨主要是晴朗无风的夜晚，地面因强烈辐射散热而出现低温。最低气温出现次数较多的时间段还有 03：00 和 08：00，分别为 7 d 和 7 d。除此之外，出现在 01：00、02：00、04：00 和 07：00 的各有 3 d、2 d、2 d、5 d。在出现霜冻天气的情况下，最低气温全部出现在凌晨 03：00—07：00，并且多在 05：00 和 06：00（表 2.4）。

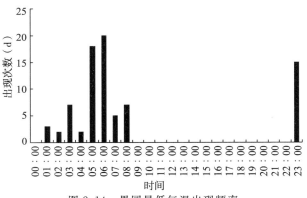

图 2.14　果园最低气温出现频率

表 2.4　霜冻天气条件下最低气温出现时间

日期		最低气温(℃)	最低气温出现时间
2013 年 4 月	6 日	−6.6	06:30
	9 日	−11.3	06:10
	10 日	−8.3	03:50
	11 日	−2.5	06:20
	13 日	−1.1	03:50
	14 日	−0.5	05:20
	25 日	−0.6	05:50
2012 年 4 月	3 日	−5.1	04:10
	4 日	−1.8	06:40
	5 日	−3.8	05:50
	6 日	−1.1	06:30
	7 日	0.7	04:50
	8 日	−2.9	06:20

2.4.3　垂直规律

对于较为低矮的经济林果如葡萄、枸杞等,同一次霜冻天气过程,其不同高度器官的受冻情况没有明显的差异,主要原因是在较低的经济林果园内,植株体不同高度处的气温差异较小。而对于较为高大的经济林果,受冻程度经常随着高度的不同而出现明显差异。1993 年河北省吴桥县出现了严重霜冻过程,4 月 4—11 日,除 9 日外,均出现霜冻,8 日凌晨气温降至最低,达 −2.3 ℃,野外观测地面最低气温达 −7.2 ℃,历时 3 h,造成果树严重冻害,刘鲜明等(1994)调查发现,距地面越近、花器受害越重,坐果越少,随树体位置的升高,受害程度递减而坐果率递增。张振英等(2013)研究烟台地区苹果花期冻害情况时发现,不同树体部位的霜冻害发生程度有较大差异,表现为上轻下重,随高度的增加,苹果花朵冻害率逐渐降低,霜冻主要发生在 1.5 m 以下的花朵上,2.0 m 以上的花朵冻害率较低。张学河(2005)调查了山东招远市 2004 年 4 月 23 日的混合霜冻对苹果、梨、杏、大樱桃等果树的影响情况发现,受冻表现为树冠下部重,上部轻,受冻严重的主要集中在地面上 1.6 m 高以下枝条,2 m 以上基本没受冻,不少果园出现仅树冠最上部上挂果的现象。支元曼等(1994)调查了 1993 年 4 月 8 日早晨发生在山东莘县的晚霜冻危害情况表明,由于苹果树距地 1.5 m 以下部位和 1.6 m 以上部位的气温明显不同,造成花朵受害率也不同,据观察,树冠 1.5 m 以下部位平均气温为 −4.7 ℃、持续 2 h,花朵受冻率 68.8%;树冠 1.6 m 以上部位平均气温为 −2.1 ℃、持续 2 h,花朵受冻率 17.3%。史宽等(2005)根据多年观察,发现宁夏发生的苹果花期霜冻,树冠的下部受冻较上部严重,基本上表现为树冠 2 m 以下的部位受冻。权学利等(2012)在陕西的调查也发现,下部的幼果受冻严重,上部受冻较轻。

综上所述,对较为高大的经济林果,一般情况下由于冠层内下部的气温比上部的气温低,导致在同一次霜冻天气过程中,树体下部受冻要比上部严重,随着高度增加,受冻率逐渐降低,特别是 2 m 以上的部位受冻很轻。

2.4.4　水平规律

对于辐射型霜冻,由于果园内的气温水平分布相对均匀,果园水平面上的受冻情况没有明显差异。对于混合型霜冻或者平流型霜冻,果园水平面上的受冻情况较为复杂。对于郁闭度较高的果园,一般情况下迎风面的受冻严重,背风面的受冻轻。如山东莘县 1993 年 4 月 8 日早晨发生晚霜冻,根据调查,苹果树的迎风面和背风面的花朵受害率明显不同,新红星、青香蕉和倭锦的树冠迎风面即北面的花朵受害率分别为 59.6%、55.6% 和 53.3%,而背风面即南面的花朵受害率分别为 24.2%、15.6% 和 22.8%(支元曼 等,1994)。又如河北省吴桥县,1993 年 4 月 4—11 日(除 9 日外)出现的霜冻造成果树严重受冻,调查发现村南园比村北园的受害要轻。这主要是由于郁闭度较高的果园,迎风面的果树起到了防护林的作用,虽然自身受冻严重,但由于减缓了背风面的降温速度,使得背风面受冻减轻。对于郁闭度较小的果园,由于霜冻时冷空气能够顺利均匀扩散,果园内的气温水平分布较为均匀,受冻率在水平方向上没有明显差异或者差异很小。例如,同样是山东莘县 1993 年 4 月 8 日的霜冻,在郁闭度较小的无防护林的 6 年生梨园,花序保存率从外向里依次为 28.8%、26.4%、24.9%、27.1% 和 26.4%,水平分布基本一致。

　　在某些时候,果园内会出现一条明显的霜冻带(线),霜冻带(线)上的受冻率明显高于其他地方的受冻率。根据观察和分析,出现这种现象的主要原因可能是这条带(线)的郁闭度很低,形成了一条"走廊",当冷空气来袭时,气流可以从带(线)上顺利通过,造成这条带(线)上的受冻率明显偏高,从而在果园内部形成霜冻带(线)。

第 3 章
果树霜冻指标

3.1　确定果树霜冻指标的方法

关于霜冻临界温度指标的研究方法主要有两种,一种是霜冻害发生后开展田间调查获取果树受冻资料,通过统计最低气温与果树受冻程度的关系确定果树遭受不同霜冻害的温度指标,这种方法在中国南方热带果树霜冻害指标的研究中应用较多。庞庭颐等(2000)使用统计学方法分析得出了桂南地区荔枝的霜冻害指标;蔡文华等(2008;2009)和徐宗焕等(2010)分析得出了龙眼树、荔枝树、香蕉的无霜冻害、轻、中、重及严重霜冻害对应的最低气温;陈惠等(2010)基于历史气候和冻(寒)害灾情资料并结合冬季盆栽移放试验和典型年考察资料,采用数理统计和对比印证方法,确定了南亚热带几种主要果树的轻、中、重、严重冻(寒)害低温指标。通过调查方法获取霜冻指标往往因判断受冻标准的差异、果园温度分布的差异及长序列调查数据获取困难等因素难以全面开展(陈正洪,1991)。即使获取了长期的霜冻损失记录和温度观测数据,但是温度传感器、安装高度等的差异一般都没有详细记录,这些因素都对结果产生影响,得到的结果难以在不同的地方应用(Snyder et al,2005)。另外,霜冻的发生受小气候环境、土壤质地、土壤含水量、地形、树龄、发育期、栽培管理措施等各种因素影响,这种方法得到的霜冻指标缺乏普适性。就霜冻指标而言,一般只考虑遭受霜冻的最低气温强度,而忽略了低温持续时间、湿度、风速等因素。

获得霜冻指标的另外一种方法是从树上截取一段枝条放入人工气候箱或者人

工霜冻模拟霜箱(简称人工霜箱)中,以一定的速度降温到 0 ℃ 以下的某个预设低温,并维持一段时间取出后于第二日观测遭受霜冻的程度。Proebsting *et al* (1978)通过人工气候箱得出了几种落叶果树 10% 和 90% 受冻的临界温度。国内学者基于霜冻害模拟试验测试梨花过冷却点温度,研究了梨花不同器官受霜害的温度(冯玉香 等,1998a)和霜冻害程度与低温强度的关系(冯玉香 等,1998b)。钟秀丽等(2005)通过人工霜箱模拟测试草莓过冷却点确定草莓发生霜害的温度。宁夏气象科研所通过人工霜箱设置一定的低温并持续不同的时间研究了宁夏主要果树开花期及幼果期遭受霜冻的温度及持续时间。这种方法的操作和试验环境比起田间观测更加标准,可以准确模拟研究对象在一定的低温下持续一定的时间并统计其受冻率。

但是人工霜箱中的小气候环境和大田中还是有一定差异。首先自然界广泛存在着冰核活性细菌(ice nucleation active bacteria,简称 INA 细菌),它能够提高植物的结冰点,使植物在较高的温度下结冰而遭受霜冻,INA 是诱发和加重植物霜冻的重要因素(赵荣艳 等,2007)。然而,大田中冰核细菌的浓度和人工霜箱中是有一定差异的,对果树遭受霜冻的临界温度影响也较大。其次,一次霜冻过程中,果树不同部位的温度也不同,受冻程度也有差异。位于树冠的枝条,温度可能会低于空气温度;位于树中间被树枝包围的枝条温度可能稍高于树外层的温度,受冻会较轻;对于落叶果树,在叶片没有完全展开的时候,一般树的底端温度最低,随着树叶完全展开,在辐射型霜冻的夜晚,树的顶端温度最低(Snyder *et al*,2005);在平流辐射型霜冻的天气下,花朵的温度将随着高度的增加而升高,霜害随高度增加而减轻,(冯玉香 等,1998a)。再次,离体的枝条因没有来自于树体的水分和营养供给,抵御低温的能力也可能会降低。最后表征植物霜冻指标的温度有气温、植物体温或叶温和地面温度,植物霜冻害发生与否及发生程度直接取决于植物的日最低树体温度或叶温,因此霜冻发生的温度条件一般用植物体温(叶温)和植株体内最低气温来表示。

在指导霜冻害防御时,由于不便于实际测量植物体温或叶温,故一般根据不同种类、不同时期作物的最低体温或叶温与最低气温的关系,采用日最低气温作为霜冻指标,植物叶面最低温度一般都低于最低气温,一般比日最低气温低 1～4 ℃左右(马树庆 等,2009)。田间调查方法获取的霜冻指标多指百叶箱内的气温,而植株体温和气温的对应关系又不确定,因此,增加了霜冻指标应用的难度。对比人工霜箱模拟试验和大田观测的结果发现,在相同的受冻率下,因人工霜箱得出结论指的是测试样品(花或者幼果等)的体温,受冻临界温度往往低于大田试验的结果(Snyder *et al*,2005),Connell 和 Snyder 1988 年通过人工霜箱中的离体试验研究扁桃盛花期在-2.8 ℃、-3.9 ℃的低温下持续 30 min 受冻率为 14％和 79％,而 Harry Hansen 通过分析多年的田间观测结果得出同一品种扁桃盛花期在-2.8 ℃、-3.9 ℃的低温下持续 30 min 受冻率为 45％和 100％(Snyder *et al*,2005)。宁夏气象科学研究所 3a 的人工霜箱模拟试验也得出了相似的结论。由此可见,人工霜箱的结果虽然不能代替大田试验结果,但是也有一定的指导意义,在指导霜冻防御或者开展预警时,需要将人工霜箱中得出的霜冻指标订正后再应用。

　　考虑到以上两种方法的不足,宁夏气象科学研究所研制出了能够在野外环境模拟霜冻的野外霜冻试验箱,可针对野外体积较大的果树体开展霜冻过程的模拟试验,经过 2014 年苹果园霜冻指标试验,应用效果良好。通过降温控制装置能够准确控制箱体内气温的变化,待测枝条伸入到箱内避免了植物枝条离体试验对结果的影响,同时也保持了箱内外的小气候环境的相对一致性,而且可对受冻的花朵、幼果等进行后续的连续跟踪观测,可以准确掌握经低温处理后的花朵和幼果后期生长与发育情况,可获得准确的果树器官受冻率和结果率数据。

3.2　果树霜冻指标

　　国内外关于霜冻指标的研究非常多,各种关于指标的研究因研究方法、供试材料和受害标准的不同,得出的果树霜冻指标出现差异。不同果树对低温的敏感性不同,耐低温能力差异也较大。香蕉、浆果类、柠檬、桃子等对低温最敏感,耐冻性较差,苹果、葡萄柚、葡萄、柑橘、梨等对低温为中度敏感,枣对低温最不敏感。不同品种的同一器官耐低温的能力不同,表 3.1 为不同品种杏、樱桃、李、桃和油桃花器官的抗冻能力比较（王少敏 等，2002）。

表 3.1 核果类果树部分品种花器官抗霜冻能力比较（王少敏 等，2002）

树种	品种	
	花器官耐霜冻	花器官不耐霜冻
杏	金太阳、意大利 1 号、黄金杏梅	凯特、德州大果杏、玛瑙杏
樱桃	大紫、伦尼尔	莱阳矮樱桃、红灯、早红宝石
李	秋红李、红心李、玫瑰皇后	圣玫瑰、黑琥珀
桃和油桃	中华寿桃、早红珠、重阳红、新川中岛	早凤王、早丰甜、美味

Proebsting et al（1978）在人工培养箱中以一定的速度降温到特定的值后持续 30 min，记录了几种落叶果树不同发育阶段遭受霜冻损失的百分比，得出了受冻率为 10％和 90％的温度指标（表 3.2）。从植物萌发到幼果期，随着发育期的推迟，10％致死温度和 90％致死温度越来越高。如果把人工培养箱得出的结论用于指导霜冻防御时需要订正。通常受冻临界温度代表了遭受霜冻损失时花蕾、花及幼果的温度。然而，一般情况下，很难去测量植株体的温度，植株体温度很可能和空气温度有很大的差异。因花蕾、花朵和幼果的体温一般要低于空气温度，因此在发布霜冻预警时，采用的霜冻指标值要高于人工霜箱的研究所得出的霜冻指标。对于较大的水果，比如桃，夜间的气温下降的速度可能远快于果实体的温度，因此空气温度接近或者轻微低于临界温度时就要进行霜冻防御。人工霜箱得出的临界温度可以用于防霜时机的把握，但是受作物体温与空气温度间的差异、冰核细菌浓度等因素影响，在实际应用时要注意二者间的差异（Proebsting et al，1978）。

桃树"白凤"进入花瓣形成期后，花器官的耐寒性急剧下降，在盛花期－2.5 ℃以下就会发生霜冻害，－3 ℃以下则受害更重（坪井八十二 等，1985），不过桃花器官的耐寒性稍强于苹果、梨等果树。还有研究表明，桃花芽在休眠期，当温度达－18 ℃才受冻，花蕾能耐－6.6～－1.7 ℃的低温，开花期能耐－2.0～－1.0 ℃的低温，而幼果期－1.1 ℃即受冻（许昌燊，2004）。

表 3.2　几种落叶果树霜冻害临界温度（Proebsting *et al*，1978）　　单位：℃

作物	发育阶段	10％致死温度	90％致死温度
苹果	露红	−2.7	−4.6
	开花始期	−2.3	−3.9
	开花盛期	−2.9	−4.7
	开花末期	−1.9	−3.0
杏	开花始期	−4.3	−10.1
	开花盛期	−2.9	−6.4
	开花末期	−2.6	−4.7
	幼果	−2.3	−3.3
桃	露红	−4.1	−9.2
	开花始期	−3.3	−5.9
	开花盛期	−2.7	−4.9
	开花末期	−2.5	−3.9
梨	露白	−3.1	−6.4
	开花始期	−3.2	−6.9
	开花盛期	−2.7	−4.9
	开花末期	−2.7	−4.0

　　梨花盛开期遇−2.0～−1.5 ℃以下（百叶箱内）的低温，幼果出现−2.0 ℃以下的低温，就会造成严重的霜害（坪井八十二 等,1985）。西洋梨受冻的临界温度花蕾期为−2.2 ℃,开花期−1.9 ℃,幼果期−1.7 ℃;茌梨现蕾期受冻的临界温度为−5 ℃,花序分离期为−3.5 ℃,开花前 1～2 d 为−2.0～−1.5 ℃,开花的当天为−1.5 ℃。不同品种的梨花耐低温能力不同,在相同的物候期下鸭梨比茌梨耐低温能力一般低 0.3～0.5 ℃,而秋子梨系列的耐低温能力更强（许昌燊,2004;陈尚谟 等,1988）。梨树开花期,如气温骤然下降到−4 ℃左右,则已开或半开的梨花将遭受霜冻害。

　　苹果花蕾期遇−2.8 ℃的低温、开花期遇−1.7 ℃、幼果期−1.1 ℃的低温即可能受冻（许昌燊,2004;坪井八十二 等,1985）。苹果生长期若遇到−3 ℃低温时,就遭到严重的霜冻害（中国农业科学院,1999）。红富士苹果开花期霜冻的临界温度花蕾期为−3.8～−2.8 ℃;开花期雌蕊受冻的临界温度为−2.2～−1.7 ℃,幼果期幼果受冻的临界温度为$-2.5\sim-1.1$ ℃(汪景颜,1993)。陕西省经济作物气象台根据历次灾害实地调查及有关文献资料得出苹果树开花期受冻的临界温度为-2 ℃,在$-2.0\sim0$ ℃出现霜冻,中心花受冻率达30%左右;幼果受冻的临界温度为-1.0 ℃,温度低于-1.0 ℃,幼果冻死率为10%,温度为$-1.0\sim0$ ℃,幼果冻死率为5%(李美荣 等,2008)。

果树不同树种花器官受冻的临界温度首先取决于花芽的发育阶段。完全休眠的花芽抗冻性最强,花芽从解除休眠开始膨大至开花、落花,抗冻性持续减弱(王少敏 等,2002),见表3.3和表3.4。开放的苹果花芽在-8 ℃气温影响4 h就会死亡,花蕾$-6\sim-4$ ℃、花朵$-4\sim-3$ ℃会被冻死(康斯坦丁诺夫,1991)。核果类(杏、甜樱桃等)的幼果对低温抗性很差。在-1.1 ℃气温左右,核果类的果实受害(表3.3和表3.4)(康斯坦丁诺夫,1991)。霜冻时,首先是种子死亡,种子死亡的果实在霜冻后很快就脱落。

表3.3　核果类果树主要品种花器官受冻的临界温度　　　　　　　　　　单位:℃

树种	品种	发育期						
		芽膨大	鳞片分离	现蕾	花序分离	初花	盛花	终花
杏	欧洲杏	—	-5.0				-2.2	
樱桃	宾库品种	-5.0	-5.0	-2.2	-2.2	-1.7	-1.7	-1.1
桃和油桃	爱保太品种	-5.0	—	-3.9			-2.8	-1.1
李	意大利品种					-2.8	-2.8	-1.1

表3.4　果树遭受晚霜冻危害作物的临界温度(别洛博罗多娃,1985)　　　　单位:℃

作物	花蕾期	开花期	幼果期
苹果	$-4.0\sim-2.8$	$-2.3\sim-1.7$	$-2.2\sim-1.0$
梨	$-4.0\sim-1.7$	$-2.3\sim-1.7$	$-2.2\sim-1.0$
樱桃	$-5.6\sim-1.7$	$-2.3\sim-1.1$	$-2.2\sim-1.0$
李	$-5.6\sim-1.7$	$-2.3\sim-0.6$	$-2.2\sim-0.6$
杏	$-5.6\sim-1.7$	$-2.8\sim-0.6$	$-2.2\sim-0.7$
桃	$-6.7\sim-1.7$	$-3.9\sim-1.1$	$-2.8\sim-1.0$

项目组利用人工霜冻模拟箱对宁夏 4 种果树花器官（花蕾、花瓣、子房）、叶片及幼果的过冷却点开展研究,比较了宁夏不同果树及同一果树不同器官的抗寒性。结果表明:苹果、李都是幼果的过冷却点最高,平均分别为－3.9 ℃和－3.1 ℃,且与其他花器官及叶片之间差异达极显著水平($P<0.01$),意味着苹果、李幼果比花器官的耐冻性差。而梨和杏的耐冻性都是花蕾＞幼果＞子房(表 3.5)。

果树盛开花期遭受霜冻时,花瓣受冻对果树正常生长发育影响不大,子房是最重要的器官,一旦受冻将影响结果,幼果受冻轻者会形成畸形果,重者则会脱落。因此选择蕾期的花蕾,盛开花期的子房和幼果期的幼果代表 3 个不同的发育期对其过冷却点及结冰点进行分析。对于苹果,3 个发育阶段过冷却点和结冰点分别为－5.1～－3.9 ℃和－4.4～－3.1 ℃,过冷却点从低到高分别为子房＜花蕾＜幼果,且相互间差异显著($P<0.05$),尤其是幼果与子房和花蕾差异达极显著水平($P<0.01$)。即耐冻性从强到弱分别为子房＞花蕾＞幼果(表 3.5)。

表 3.5　果树花器官、叶片及幼果过冷却点及结冰点(平均值±标准误差)　单位:℃

项目	器官	苹果	梨	李子	杏
过冷却点（℃）	花蕾	－4.9±0.07 bcB	－4.9±0.02 cB	－5.2±0.17 cC	－3.7±0.02 bB
	花瓣	－4.8±0.03 bB	－3.9±0.04 aA	－5.0±0.19 cC	－2.9±0.06 aA
	子房	－5.1±0.03 cB	－3.9±0.05 aA	－5.0±0.21 cC	－3.0±0.03 aA
	叶片	－4.9±0.07 bB	－4.9±0.06 cB	－4.1±0.03 bB	——
	幼果	－3.9±0.03 aA	－4.4±0.25 bAB	－3.1±0.12 aA	－3.3±0.06 bB
结冰点（℃）	花蕾	－4.0±0.18 bB	－3.9±0.18 bC	－4.0±0.17 bB	－3.1±0.13 bA
	花瓣	－4.5±0.19 cB	－3.1±0.18 aAB	－4.2±0.28 bB	－2.6±0.09 aA
	子房	－4.4±0.09 cB	－2.6±0.15 aA	－3.8±0.12 bB	－2.8±0.05 aA
	叶片	－4.1±0.07 bcB	－3.6±0.07 bBC	－3.5±0.09 bAB	——
	幼果	－3.1±0.03 aA	－2.6±0.1 aA	－2.6±0.07 aA	－2.7±0.08 aAB

注:同列数字后不同大、小写字母分别表示差异达 0.01 和 0.05 显著水平,下同

梨 3 个发育期代表器官过冷却点在－4.9～－3.9 ℃,其中花蕾过冷却点和结冰点最低,最高的是子房,花蕾的过冷却点比花瓣和子房低 1.0 ℃,且差异达极显著水平($P<0.01$),幼果过冷却点低于花蕾而高于子房。即梨各器官的耐冻性从强到弱为花蕾＞幼果＞子房(表 3.5)。

杏 3 个发育期代表器官过冷却点和结冰点平均在 -3.7~-3.0 ℃和 -3.1~-2.7 ℃,各器官过冷却点和结冰点最低的为花蕾,与子房差异达极显著水平(P<0.01),说明杏花器官中最不耐冻的为子房,过冷却点 -3.0 ℃,即当温度降低到 -3.0 ℃时子房不再保持过冷却状态而开始结冰。杏各器官的耐冻性从强到弱分别为花蕾>幼果>子房(表 3.5)。

李子 3 个发育期代表器官过冷却点和结冰点平均在 -5.2~-3.1 ℃和 -4.0~-2.6 ℃,花蕾和子房之间差异不显著,极显著的低于幼果,比幼果低 1.9~2.1 ℃。说明李子各花器官之间的耐冻性差异不大,显著强于幼果(表 3.5)。

4 种果树花蕾过冷却点在 -5.2~-3.7 ℃,结冰点在 -4.0~-3.1 ℃,过冷却点和结冰点从低到高分别为李<苹果<梨<杏,通过对过冷却点和结冰点的研究表明,四种果树花蕾的耐冻性从强到弱为:李>苹果>梨>杏。4 种果树子房的过冷却点平均在 -5.1~-3.0 ℃,结冰点在 -4.4~-2.6 ℃,苹果和李最低、其次为梨,最后为杏,分别为 -5.1 ℃、-5.0 ℃、-3.9 ℃和 -3.0 ℃。即耐冻性从强到弱分别为:苹果和李>梨>杏(表 3.5)。

仅考虑花蕾和子房,4 种果树的过冷却点在 -5.2~-3.0 ℃,说明宁夏苹果、梨、杏和李子蕾期和开花期若遇低于 -5.2 ℃的低温,将可能全部受冻。若同为蕾期则杏受冻最严重,李子受冻最轻,若同为盛开花期则杏受冻最严重,苹果受冻最轻(表 3.5)。

4 种果树幼果过冷却点平均分别为 -4.4 ℃、-3.9 ℃、-3.3 ℃和 -3.1 ℃,从低到高是梨<苹果<杏<李,综合分析过冷却点、结冰点得出:4 种果树幼果的耐冻性最强的是梨,其次为苹果,最差的是杏和李。若宁夏苹果、梨、杏和李子幼果期遇低于 -4.4 ℃的低温,则幼果将全部受冻,且杏和李子受冻最严重(表 3.5)。

对宁夏 3 个李品种盛开花期花瓣和子房的过冷却点和结冰点研究表明:红美丽和尤萨花瓣和子房的过冷却点及结冰点并无显著差异,龙园秋李花瓣的过冷却点和结冰点显著低于子房,说明红美丽和尤萨花瓣的耐冻性和子房差异不大,而龙园秋李花瓣的耐冻性却强于子房(表 3.6)。

对宁夏 3 个李品种 3 个发育期代表性器官的过冷却点研究表明:红美丽和尤

萨花器官(花蕾、子房)的过冷却点和结冰点差异不显著,且极显著高于幼果($p<$0.01),红美丽花蕾和子房过冷却点平均值在 $-5.2\sim-5.0$ ℃,比幼果低1.9~2.1 ℃。尤萨过冷却点平均为3.6~3.8 ℃,比幼果低0.6~0.8 ℃。即红美丽和尤萨花器官的耐冻性明显强于幼果。龙园秋李的表现不同于其他两个品种(花蕾、子房)的过冷却点和结冰点差异不显著,但是显著高于幼果($P<$0.01),花蕾和子房的过冷却点比幼果高0.9~1.0 ℃,即龙园秋李的幼果耐冻性强于花器官(表3.6)。

表3.6 不同品种李子花器官及幼果过冷却点及结冰点(平均值±标准误差) 单位:℃

项目	李子品种	红美丽	龙园秋李	尤萨
过冷却点(℃)	花蕾	−5.2±0.17 bB	−3.4±0.03 aA	−3.6±0.08 bB
	花瓣	−5.0±0.19 bB	−5.2±0.05 cC	−3.7±0.07 bB
	子房	−5.0±0.21 bB	−3.5±0 aA	−3.8±0.07 bB
	幼果	−3.1±0.12 aA	−4.4±0.07 bB	−3.0±0.04 aA
结冰点(℃)	花蕾	−4.0±0.17 bB	−2.7±0.09 aA	−3.2±0.09 bB
	花瓣	−4.2±0.28 bB	−4.6±0.26 bB	−3.2±0.07 bB
	子房	−3.8±0.12 bB	−2.9±0.09 aA	−3.3±0.15 bB
	幼果	−2.6±0.07 aA	−2.7±0.07 aA	−2.4±0.1 aA

花器官(花蕾和子房),红美丽的过冷却点和结冰点平均值最低,其次为尤萨和龙园秋李,即花器官(花蕾和子房)耐冻性从强到弱为红美丽>尤萨>龙园秋李。幼果过冷却点为龙园秋李最低−4.4 ℃,其次为红美丽和尤萨,即幼果耐冻性龙园秋李最强(表3.6)。

综上所述:梨、杏和李盛开花期,花瓣和子房的耐低温能力差异不显著,苹果子房明显比花瓣耐冻。苹果花器官的耐冻性从高到低分别为子房>花蕾且显著强于幼果;李各花器官之间的耐冻性差异不大,显著强于幼果和叶片;梨和杏的耐冻性都是花蕾>幼果>子房。

4 种果树子房的耐冻性从强到弱分别为:苹果和李>梨>杏。花蕾的耐冻性从强到弱分别是：李＞苹果和梨＞杏。4种果树幼果中耐冻性最强的是梨，其次为苹果，杏、李幼果最不耐冻。

三个李品种中，红美丽和尤萨花器官的耐冻性明显强于幼果，龙园秋李的幼果耐冻性强于花器官。花器官（花蕾和子房）耐冻性从强到弱为红美丽＞尤萨＞龙园秋李，幼果耐冻性龙园秋李最强。

利用人工霜箱对宁夏主要杏及李子品种在一定的低温下持续一定时间的受冻率进行研究结果表明：①2个杏品种金太阳和李梅杏盛花期遭受霜冻的温度指标差异不大，即对低温的耐受能力差异不大。−2 ℃为轻度受冻，−3～−2 ℃为中度受冻，≤−3 ℃持续时间大于1 h则为重度受冻。②4个李子品种花期尤萨的耐冻性较强，在−3 ℃下持续4 h仅轻微受冻。其他品种在−3 ℃下就会严重受冻，雌蕊、雄蕊和子房都会变为褐色。龙园秋李的耐冻性最差，−3 ℃持续1 h受冻率就会达到50％。③杏幼果在−2.5 ℃持续1～2 h为轻度受冻，3～4 h为中度受冻，小于或等于−3 ℃持续1 h及以上为重度受冻，2个品种差异不大。④李子幼果的耐冻性略差于杏幼果，尤萨在−1 ℃持续3～4 h和−2.5 ℃持续1 h就会遭遇轻度受冻，果面出现小斑点，温度为−2 ℃和−2.5 ℃持续时间大于等于2 h或者温度小于等于−3 ℃就会重度受冻，表面颜色变为褐色，切开果实，横截面胚珠变为褐色。兰蜜李−2 ℃和−2.5 ℃大于或等于3 h或者温度≤−3 ℃为重度受冻（表3.7）。

表 3.7　不同品种杏、李子开花期及幼果期霜冻指标

树种	品种	花			幼果		
		轻度	中度	重度	轻度	中度	重度
杏	金太阳	−2 ℃,1～4 h	−2～−3 ℃	<−3 ℃,>1 h	−2.5 ℃,2 h	−2.5 ℃,3 h	−2.5 ℃,>3 h;≤−3 ℃,>1 h
	李梅杏	−2 ℃,1～4 h	−2～−3 ℃	<−3 ℃,>1 h	−2.5 ℃,1～2 h	−2.5 ℃,3～4 h	≤−3 ℃,>1 h
李子	龙园秋李	−2 ℃	−3 ℃,≤1 h	−3 ℃,>2 h;−4 ℃,>1 h	—	—	—
	尤萨	−3 ℃,4 h	—	—	−1 ℃,3～4 h;−2.5 ℃,1 h		−2 ℃,≥2 h;−2.5 ℃≥2 h;≤−3 ℃
	兰蜜李	−3 ℃,1～2 h	—	−3 ℃,3～4 h	—		−2 ℃,≥3 h;−2.5 ℃,≥3 h;≤−3 ℃

项目组采用人工霜箱设置不同的低温及持续时间对梨花及幼果遭受霜冻的低温强度和持续时间指标开展研究,主要研究结论:当临界温度降低到－4 ℃时,完全开放的梨花花瓣变黑,雌蕊雄蕊子房变黑,受到不可逆转的伤害,为梨花致死温度(表 3.8)。

表 3.8　不同低温处理梨花受冻率　　　　　　　　　　　单位:%

温度	－1 ℃	－2 ℃	－3 ℃	－4 ℃	－5 ℃	－6 ℃
完全开放	0	0	0	67	100	100
花蕾	—	—	0	—	—	100
花瓣脱落	0	0	0	74	—	—

　　－2 ℃以上的温度对梨花未能造成伤害,玛瑙梨开花期轻度受冻的温度和持续时间为－3.0 ℃持续 2～2.5 h,重度受冻的临界温度为－3 ℃持续时间 3 h 及以上、－3.5 ℃、－4 ℃持续 0.5 h 及以上(表 3.9)。而甘泉梨和新高梨的耐冻性差于玛瑙梨。温度为－2.5 ℃持续 1 h 时,玛瑙梨并未受冻,新高梨为轻度受冻,甘泉梨为中度受冻;温度为－3 ℃且持续时间达 1 h 时甘泉梨和新高梨则为重度受冻,而持续时间达 3 h 玛瑙梨才表现为重度受冻(表 3.9)。

表 3.9　不同品种梨开花期受冻程度与低温强度和持续时间的关系

品种	玛瑙	甘泉	新高
轻度	－3 ℃,2 h	—	－2.5 ℃,1 h
中度	－3 ℃,2.5 h	－2.5 ℃,1 h	—
重度	－3 ℃,>3 h;－3.5 ℃,≥0.5 h;－4 ℃,≥0.5 h	－2.5 ℃,>1 h;－3 ℃,≥1 h	－2.5 ℃,>1 h;－3 ℃,≥1 h

　　对于幼果,当温度降低到－2 ℃时,持续 1 h,没有受冻;持续 2～3 h,任意大小幼果出现轻度受冻,表现为外表颜色变黄;持续 4 h 时,直径小于 0.5 cm 的幼果 100% 为重度受冻,表现为表面颜色变深且有白点,切开横截面胚珠变为褐色。当温度降低到－2.5 ℃时,直径大于 0.5 cm 的果子表面变皱并且有白点,为轻度受冻。直径小于 0.5 cm 的幼果表面变皱,颜色加深有白点,为中度受冻。且随着持续时间延长,受冻率增加,持续 4 h,100% 的幼果为重度受冻。当温度降低到－3 ℃

持续 1 h,任意大小的幼果表面都有白点,为轻度受冻。持续 2 h 任意大小的幼果颜色变深绿色,表面有白点,里面微褐色,持续 3 h 以上,表面颜色变黑色有白点,切开横截面胚珠为黑色,均为重度受冻。所有处理中直径越小的果实受冻越严重(表3.10)。

表 3.10 低温持续不同时间玛瑙梨幼果受冻程度

温度	1 h	2 h	3 h	4 h
−1 ℃	基本正常(100%)	基本正常(100%)	基本正常(100%)	基本正常(100%)
−2 ℃	基本正常(100%)	表面略变黄(100%)	表面略变黄(100%)	果皮黑点,里面微褐色(100%)
−2.5 ℃	果皮皱,43%(d>0.5 cm) 果皮皱,有小白点57%(d<0.5 cm)	(d>0.5 cm)果皮皱,颜色深,53.3%; (d<0.5 cm)果皮皱,颜色深,有白点(46.7%);	(d>0.5 cm)果皮皱,颜色深,45.5%; (d<0.5 cm)果皮皱,颜色深,有白点(54.5%);	果皮皱,里面微褐色(100%)
−3 ℃	面积较小的白点(100%)	颜色加深,表面有白点,里面微褐色(100%)	果皮皱,横截面胚珠黑(100%)	果皮皱,横截面胚珠黑(100%)

注:表中 d 为幼果直径

从表 3.11 对不同品种梨幼果的研究结果来看,低温持续时间相同,随着温度的降低,幼果期甘泉梨和新高梨的受冻率不断增加。相同的温度,随着持续时间增加受冻程度也相应地增加。当温度为−2.5 ℃时,持续 1 h,甘泉梨为 100%轻度受冻,持续 2 h 和 3 h,重度受冻的百分率分别为 50%和 60%,持续时间为 4 h,100%的幼果都表现为重度受冻,表面颜色变深,切开胚珠为褐色或黑色。温度为−3 ℃时,持续时间从 1 h 增加到 4 h,重度受冻率不断增加。新高梨幼果的耐冻性略差于甘泉梨,温度为−2.5 ℃持续 1 h 时,则有 60%为中度受冻,−3 ℃持续 2 h 则100%重度受冻(表3.11)。综合分析幼果期 3 个品种梨受冻临界温度及持续时间,3 个品种的耐冻性差异不大,当温度降低到−2 ℃时持续 2~3 h,幼果出现轻度受冻,持续 4 h 时,为重度受冻。当温度降低到−2.5 ℃时,持续 1 h 为轻度受冻,持续2～3 h为中度受冻,持续 4 h 时为重度受冻,且幼果直径越小受冻越严重。当温度降低到−3 ℃持续 1 h 为中度受冻,持续时间大于 1 h 则为重度受冻(表 3.12)。

表 3.11　低温持续不同时间幼果期不同品种梨受冻程度

温度	甘泉梨				新高梨			
	1 h	2 h	3 h	4 h	1 h	2 h	3 h	4 h
−2.5 ℃	100%轻度	50%中度; 50%重度	40%中度; 60%重度	100%重度	60%轻度; 40%中度	100%中度	33%中度; 67%重度	33%中度; 67%重度
−3 ℃	29%轻度; 14%中度; 57%重度	33%中度; 67%重度	100%重度	100%重度	83%轻度; 17%中度	100%重度	100%重度	100%重度

表 3.12　不同品种梨幼果期受冻临界温度及持续时间

等级	玛瑙梨	甘泉梨	新高梨
轻度	−2 ℃,2～3 h;−2.5 ℃,1 h	−2.5 ℃,1 h	−2.5 ℃,1 h
中度	−2.5 ℃,2～3 h;−3 ℃,1 h	−2.5 ℃,2～3 h;−3 ℃,1 h	−2.5 ℃,2 h;−3 ℃,1 h
重度	−2 ℃,>3 h;−2.5 ℃,>3 h; −3 ℃,>1 h;≤−4 ℃,>0.5 h	−2.5 ℃,>3 h；−3 ℃>1 h; <−4 ℃,>0.5 h	−2.5 ℃,>2 h;−3 ℃>1 h; <−4 ℃,>0.5 h

本研究中梨花和幼果受冻的温度为其体温,还需结合活体器官冷冻试验,进一步研究果树体温和百叶箱中气温间的关系,并用大田调查结果对本实验霜冻指标结果进行验证,才能更有效地指导农业生产。霜冻受小气候、土壤质地、土壤含水量、地形、树龄、发育期、栽培管理措施等各种因素影响,田间调查的方法受这些因素影响,得到的结果代表性差,在调查地点适用,不一定能够适用于其他果园。霜冻模拟试验得出的结果虽不能完全代表大田试验结果,但是能够保证其他因素的影响较小。虽然在自然界中出现相同的低温持续 4 h 的可能性较小,但是模拟所有的霜冻过程耗时耗力,而且霜冻可认为是一个低温累积的过程,可以将最低温度和低温持续时间换算成负有效积温来衡量霜冻强度,因此本研究综合考虑了受冻临界温度和持续时间对果树造成的损失。

一次霜冻过后完全开放的花朵受害率最高;瓣松散,即将开放的花苞受害率较低;花瓣紧包的花蕾受害率最低,据索洛耶娃的资料,闭合花中的雌蕊要比开放时的抗寒性强些(康斯坦丁诺夫,1991)。花器官各部分对低温的敏感性是不同的。雌蕊(柱头、花柱和子房)的耐冻性差于雄蕊,是花器官最敏感的部位。雌蕊一旦受冻,整个花就失去结果的能力(王飞 等,1999a;1999b)。盛花期遇−6.7～−5.5 ℃的低温,苹果花雌蕊冻死,但雄蕊几乎不受霜冻害(康斯坦丁诺夫,1991)。在柱头受害时,一般花柱也受到损害,花柱颜色变为淡褐色,在低倍显微镜下可观察到窄条的形状,柱头呈褐色,子房发黑。花药和柱头受冻死亡,尽管子房完好无损,但因不能受精,子房未能发育,最终不能结果(李永振 等,1997)。子房受冻时,子房内胚(苹果、梨)稍稍开始变黄,是子房遭受霜冻害不可恢复的外部特征,如果把子房用刀横切开来,可以看得更为清楚(谢里瓦诺夫,1959)。子房受冻严重时,果实便不具该品种固有的形状,受害部分出现斑点或围绕整个果实的宽带,即霜环。随着果实进一步发育,受害部位发生开裂,未受害部位的果实正常生长,开裂部位会往里凹陷,最后在受害部位形成纵沟,品质降低(康斯坦丁诺夫,1991)。

花的抗寒程度和开花时的天气条件也有关,如果果树的花是在冷天开放,受冻临界温度要比在温暖天气里开放的要低一些。在−3.9 ℃的低温下,冷天缓慢开放的苹果花也会死亡,而在−6～−5 ℃时,浆果灌木和核果类的花也会被冻死。(康斯坦丁诺夫,1991)。

3.3 影响霜冻指标的因素

影响果树霜冻的因素复杂多样,果树自身因素、天气条件、地形、土壤及果园管理水平等都与霜冻的发生、强度、持续时间有密切关系。霜冻对果树的危害程度和灾害损失是内外因素综合影响的结果,最终以霜冻指标作为衡量方式。目前,相关研究主要以低温强度、持续时间、降温幅度、降温/升温速率等作为果树霜冻指标,上述因素同时也是影响果树霜冻指标的因素。

3.3.1 果树自身因素对霜冻指标的影响

从果树自身角度来说,遗传是最主要的决定因素,树种、品种、树龄、树体部位、发育期等都是影响果树霜冻指标的因素。

(1)树种、品种

不同的树种、相同树种的不同品种,受遗传因素影响其抗冻能力不同,因此霜冻指标不同,遭受同等强度霜冻时受害程度也不同。以果树开花期为例,苹果(梨)、桃、杏(李)、葡萄受冻指标分别为:-2.2~-1.7℃、-2.7~-1.1℃、-2.0~-0.6℃、-0.6~-0.5℃(李岩 等,2002)。苹果品种中,金冠、甜黄魁较元帅、富士抗冻,受冻临界温度指标依次升高。陕西的秦冠苹果开花期和幼果期均比富士更耐冻,因此在这两个时期秦冠品种的受冻温度指标低于富士。梨中砀山酥梨较雪花梨、鸭梨抗冻(程福厚 等,1994);杏树耐低温能力最强的是山杏,仁用杏耐低温能力较差,同等强度的霜冻灾害减产程度分别为20%、90%。

(2)树龄、树体部位

同一树种不同树龄苹果树对低温的耐受力不同,因此受冻临界温度指标也不同。壮年果树(初结果-盛果期)抗冻能力最强,其次为幼树,老树最差。主要是由于老树结果多年,病虫危害重,树体衰弱,长势差,抗逆性降低,抵抗低温的能力弱;而幼树大多生长在土肥条件较好的地段,树势较强,抗逆性较老树更强;壮年树长势较老树、幼树均生长健壮,长势好,因此耐低温能力最强(杨正德,2010)。

不同树体部位抗冻能力不同。一般情况下,树体含水量高的部位、迎风面部位抗冻能力差,容易受冻。枝条愈成熟其抗寒力愈强。花芽、叶芽是果树最容易受冻的部位。枝条健壮的长果枝比短小细弱的结果枝抗冻性强。在同一株树上,下部花比上部更容易受冻。以杏树为例,枝龄小霜冻害严重;抗冻性方面长果枝>中果枝>短果枝>花束状果枝;西部和北部>东部>南部;树冠下部>树冠中部>树冠上部(张秀国 等,2004)。

(3)果树发育期

同一种果树在不同发育期对低温的忍耐能力不同,一般来说植物的营养器官比繁殖器官抗寒性强,因此发育期不同霜冻指标也不同。果树开花期抗寒性强弱顺序为:花芽膨大期>蕾期>始开花期>盛开花期>幼果期(侯冬花 等,2007)。以红富士为例,不同发育期霜冻指标分别为:花蕾期为-3.8~-2.8℃,开花期为

—2.2～—1.7 ℃雌蕊受冻,幼果期—2.5～—1.1 ℃幼果受冻。苹果树开花期出现—2.0～0 ℃低温,中心花受冻率达 30%左右;—4 ℃冻死率 50%;低于—4 ℃,中心花受冻率高达 70%(王景红 等,2010)。幼果期,温度低于—1 ℃,幼果受冻率为10%;温度为—1.0～0 ℃,幼果受冻率 5%(李美荣 等,2008)。红扁杏盛开花的抗寒温度在—6.9～—3.0 ℃,临界半致死温度为—5.5 ℃,而花蕾的抗冻温度在—10.9～—7.0 ℃(侯冬花 等,2007)。桃树花蕾期抗冻温度为—6.6～—1.1 ℃,开花期为—2～—1 ℃,幼果期为—1.1 ℃(李疆 等,2003)。

3.3.2 果树生长的外部环境对霜冻指标的影响

从外因角度来说,天气条件、地形地势、土壤等果树生长的外部环境以及果园管理水平都是影响果树霜冻指标的因素。

(1)天气条件

霜冻的发生取决于天气条件,天气条件也是影响霜冻发生和危害程度的重要因素。天气晴朗少云、风小或者无风(0～2 m/s)是有利于霜冻发生的天气条件(伏洋 等,2003)。当冷空气入侵后,地面受冷高压控制,冷空气入侵的强度对最低气温有直接影响,风会加强平流型霜冻的强度,较大的空气湿度可以缓和气温变化减轻霜冻灾害。关于风速和湿度对果树霜冻指标的定量化影响研究目前尚未见报道。霜冻害后,天气骤晴,升温速率高,迅速升温与阳光同时作用于受冻果树时,果树霜冻害会加重。这主要是由于高温和阳光会加快细胞间隙中的冰晶迅速融化成水,水分还没有被细胞吸收就被蒸腾掉,细胞失去膨压,组织因失水过多而枯萎死亡。而如果升温速率低,则一些受冻组织就可以逐渐得到恢复从而减轻霜冻害。

(2)地理条件、土壤

地形主要影响低温强度和持续时间。地形中不同部位,温度分布差异很大,低温强度不同。在地势低、地形闭塞处,如谷地、盆地、洼地和冷平流难进难出的地形,冷空气容易沉积不易流出,加之风小冷暖空气不易混合,因此降温快,温度低,持续时间久,霜冻严重(张波 等,1999)。在相同的天气、植物种类和植物发育期条件下,凹地发生霜冻的可能性及危害程度要比岗地大得多。表 3-13 是晴好天气条件下,在海拔高度相差不太大的前提下,与平原相比,不同地形、地势的温度差异及发生霜冻可能性的差别。此外,迎风坡和背风坡、林内和林外等环境条件对植物霜冻害的发生也有一定影响。

表 3-13　不同地形植物霜冻危害程度比较(马树庆 等,2008)

地　　形	冷空气径流特征	霜冻危害程度	霜冻害气温
山顶和山坡的上部	流出	最轻	−2.0 ℃左右
平原	出、入基本持平	中等	0 ℃
宽阔平坦的谷地,丘陵中谷地	流入为主	中等以上	1.0∼2.0℃
窄而弯的谷地,山间谷地	流入远大于流出	较重	2.0∼3.0℃
盆地(凹地)	只有流入	最重	3.0∼4.0℃

　　水库边及沿河两岸的附近,东、北、西三面环山而一面开阔空旷的地形,霜冻强度较轻。两边呈南北走向的山脉、丘陵,其中间的平原或山谷,北端风口处的霜冻较严重,南端较轻(蔡广珍 等,2012)。在坡地的不同坡向,因接受太阳辐射的差异,霜冻发生程度也不同。北坡太阳的直射辐射很弱甚至没有,地面的温度低,加之冷空气侵袭时,北坡又首当其冲,故北坡低温强度大,霜冻重,南坡霜冻轻。日出时,东坡、东南坡受阳光直接照射,温度回升快,升温速率高,植物体内细胞因蒸腾失去水分平衡,植株失水过多而受害甚至死亡,故东坡及东南坡的霜冻危害比西坡及西南坡严重(胡毅 等,2005)。

　　土壤也是影响霜冻指标的因素。地势较高干旱的地方果树霜冻害轻,地势低洼、排水不良的地方霜冻害严重(王术山 等,2006)。干燥疏松的土壤表面易形成霜冻,因在这种情况下,因为干燥土壤含水分少,升温和降温都很剧烈;反之,紧实的土壤霜冻要轻些(肖金香 等,2009)。

　　(3)果园管理水平

　　果园管理水平也是影响果树霜冻指标的因素。果园管理水平高,树体养分积累充足、及时停止生长,并接受低温锻炼,可提高果树的抗寒能力,果树可以耐受更低的温度。否则如果管理不当、病虫害严重,肥水不足,都将导致抗寒能力降低。栽培管理包括:园地选择、品种选择、土肥水管理、整形修剪、病虫害防治、越冬保护

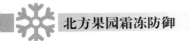

等各项措施。

3.4 霜冻指标的应用

霜冻指标是霜冻预报预警、霜冻发生规律分析和灾害风险评价等的重要依据。一般霜冻对应的最低气温都≤0 ℃,温度越低,受霜冻害越重。由于植株的不同器官在不同的生长发育阶段,对霜冻有不同的抵抗力,对应的霜冻指标也不同,因此,应用霜冻指标时要区别对待。

霜冻指标的一个重要应用是霜冻预报预警,即在气象部门最低气温预报的基础上,结合作物(果树)发育期,运用相应的农业霜冻指标,开展农业霜冻预报,为农业生产发布霜冻预警服务。虽然,各类作物霜冻指标有明显差异,然而国内的霜冻指标的应用仍较粗放,如在分析全国范围霜冻变化规律时,是以日最低气温低于2 ℃或低于2 ℃以下某温度作为霜冻的气候指标(叶殿秀 等,2008);西藏、宁夏、山东、甘肃等地均以最低气温≤0 ℃作为霜冻指标,利用气象站点最低气温资料,分析了当地初霜日、终霜日和霜冻日等霜冻特征指标的变化(杜军 等,2013;唐晶等,2007;陈豫英 等,2001;樊晓春 等,2013;李华 等,2007);邰文河等(2011)曾尝试以当年初(终)霜日比历年平均日期早(晚)出现的日数多少来确定轻霜冻、中霜冻和重霜冻,据此分析了内蒙古通辽市霜冻规律;伏洋等(2003)利用历年气候资料及霜冻灾害资料,按受害程度把霜冻分成轻霜冻和重霜冻,对比分析了德令哈地区霜冻灾害气候指标。

然而,为了满足精细化预报的需求,基于多种气象要素和作物发育状况的综合霜冻指标在作物霜冻预报中的应用越来越多,钟秀丽等(2007)研究黄淮麦区冬小麦拔节后霜冻温度出现规律时,通过分析农业气象观测站资料,发现霜冻发生的最低气温在$-6.1 \sim -1.3$ ℃,≥0 ℃霜冻发生少且小麦受害轻,不影响产量,分析时不予考虑,最终以最低气温<0 ℃和<-1.4 ℃分别定为霜冻和重霜冻的农业气候指标进行统计分析,该指标的选取综合考虑了全区域气象观测站分布、地形等特点。Zhang et al (2011)基于最低气温和冬小麦发育期资料构建了冬小麦终霜冻指

标,分析了河南省冬小麦终霜冻在时间空间上的分布变化规律。杨松等(2010)根据近年来河套灌区霜冻发生时温度变化及其对向日葵幼苗的影响,结合气象资料和灾害损失情况,确定了向日葵霜冻气象指标,地面最低气温≤1 ℃为轻霜冻,地面最低气温≤−1 ℃为重霜冻指标,完成了河套灌区向日葵霜冻发生规律分析。Robert *et al*(2012)在霜冻预报中引入露点(或霜点)温度,综合空气温度、风速和露点温度,针对美国佐治亚州蓝莓和桃子,运用基于网络的模糊专家系统方法进行了霜冻预报预警,取得了较好的效果。

霜冻指标的另一个重要应用是在霜冻灾害风险评估中,灾害风险评估是气象防灾减灾的重要部分,对当地农业有效避灾具有指导性的意义。从灾害风险理论角度讲,由于不同承灾体相对于霜冻的脆弱性不同,霜冻指标在灾害风险评估中应用时,与作物种类、发育期等结合较为紧密。朱琳等(2003)以−2.0 ℃和−3.0 ℃作为杏花期受冻临界温度,0.0 ℃和−2.0 ℃作为杏幼果受冻临界温度,以霜冻灾损率为风险指标对陕北各县仁用杏花期霜冻灾害气候进行了风险评论。而徐德源等(2007)结合新疆杏的生长环境特点,在进行新疆杏的气候生态适应性及花期霜冻气候风险区划时,采用的杏花期和幼果形成期霜冻指标为:−2.0~0.0 ℃为轻微受冻,受冻率10%,−3.0~−2.1 ℃为重度受冻,受冻率50%。另外有一些研究者以气象行业标准《作物霜冻害等级》里面规定的作物不同发育期霜冻指标为依据,开展当地作物霜冻风险评估,如沈鸿等(2011)采用了《作物霜冻害等级》中对冬小麦不同生育阶段的霜冻灾害温度界定,以最低气温为指标,筛选得到历史霜冻灾害记录,完成黄淮地区冬小麦霜冻灾害风险评估。

项目组根据宁夏历史霜冻发生情况,将4月1日—10月15日定为霜冻研究日期,因为4月1日开始桃、李、杏、梨等经济林果陆续进入开花期或花蕾期,酿酒葡萄进入放条—萌芽期,枸杞处于萌芽—展叶期,如果发生晚霜冻,会给各类作物带来较大危害。10月15日宁夏部分经济林果还处于成熟收获阶段(晚熟苹果、酿酒葡萄、枸杞秋果等),如果发生早霜冻不仅会影响收获作物的品质和产量,还会使部分经济林果提前休眠,减少冬前树体的养分积累,影响翌年果实正常生长。一般环境最低气温下降至2 ℃时,植株表面温度会下降到0 ℃以下就会发生霜冻,因此,根据上述分析,以最低气温作为霜冻指标,确定宁夏霜冻等级划分标准为:$0\ ℃<T_{min}≤2\ ℃$为轻度,$-2\ ℃<T_{min}≤0\ ℃$为中度,$T_{min}≤-2\ ℃$为重度,完成了宁夏农业晚霜冻致灾因子危险性和风险评估(李红英 等,2013;2014)。但在空气十分干洁且无风的晴夜,由于地面强烈辐射降温,百叶箱观测的最低气温与地表最低温度可相差 6~8 ℃,叶面最低温度通常还要略低于地表最低温度;而在夜间下雨时,地表最低温度甚至有可能高于最低气温。因此,在实际应用气象观测资料进行霜冻预报时,还要根据当时的天气状况进行适当订正。另外,气象站的最低气温资料能否代表果园的最低气温,也需要进行对比观测和适当订正后才能使用。

另外,霜冻指标也是识别霜冻的基础,对霜冻灾害识别结果的准确性起到决定作用,有效开展霜冻灾害识别有助于政府及相关部门在制定霜冻防御措施时"有的放矢",从而能够利用有限的资源发挥最大的防灾救灾功能。霜冻识别主要是运用最低温度或者基于多种气象因子的综合霜冻指标,分析霜冻灾害在当前气候条件和作物生长状况下发生的可能性及其可能的损失,或者根据区域的环境特点和作物种植结构预测未来霜冻发生的可能性,包括霜冻灾害等级和损失程度的识别,以及区域霜冻灾害风险的识别。关于霜冻识别系统的研究较少,李世奎等(2004)提出的几种主要农业气象灾害风险评估体系中,风险辨识即是主要的一部分,重点阐明孕灾环境、致灾因子、承灾体及其受灾的特征。张晓煜等(2001a)以宁夏作物霜冻指标为基础,分析宁夏霜冻发生规律和特点,并运用卫星遥感结合冷谷面积法等识别宁夏不同类型的霜冻,取得了良好效果。

第 4 章
果园霜冻监测评估

4.1　霜冻地面监测

4.1.1　信息化技术在农业减灾领域的应用

农业气象灾害是在全球变化的背景下发生的,既具有深刻的地球物理环境背景,又和农业因素密切相关。随着气候变化影响加剧,我国北方的农业气象灾害有增加的趋势,极端天气气候事件时有发生,均造成较大的农业损失。作为一类重要的经济作物,果树也受到极端天气事件的严重影响,从而使整个产业受到很大的经济损失。以 2004 年 5 月 3 日宁夏、甘肃部分地区遭遇大范围的罕见霜冻为例,宁夏全区农作物受冻面积高达 34 万 hm²,成灾面积 11 万 hm²,重灾面积 8 万 hm²,造成的直接损失达 6.5 亿元。果树提前萌发或晚霜冻频发,导致果树霜冻害损失非常严重。

信息技术与网络通信技术的融合,极大地促进了互联网、物联网、云计算的快速兴起,而"大数据"是继物联网、云计算之后信息技术产业又一次重要的技术变革,已成为数据挖掘和智慧应用的前沿技术(孙忠富 等,2013)。充分利用信息技术、智能化管理技术发展现代化农业,同样成为当今各个发达国家农业发展的热点之一。以欧美为代表的世界发达国家,在农业信息网络建设、农业信息技术开发、农业信息资源利用等方面,全方位推进农业网络信息化的步伐,利用"5S"技术、环境监测系统、气象灾害监测预警系统等,对农业生产进行精细化管理和调控,有力地促进了农业整体水平的提高。"5S"技术包括遥感技术(Remote sensing,简称RS)、地理信息系统(Geographical information system,简称GIS)、全球定位系统(Global positioning system,简称GPS)、数字摄影测量系统(Digital photogrammetry system,简称DPS)、专家系统(Expert system,简称ES)。

我国农业正处于传统农业向现代农业的转型时期,在总结与继承传统的农业气象灾害防御方法与技术之外,还需要利用现代技术手段,网络信息化技术将发挥独特而重要的作用,也为现代农业发展提供了前所未有的机遇。目前,基于物联网应用、网络、感知三个层面,将数据库技术、网络技术、计算机控制技术等高度融合,初步构建了覆盖全国小麦主产区的小麦苗情监控物联网系统管理应用平台,为政府相关部门、一线生产单位、科研院所等提供最直接有效的信息服务,在小麦的生产管理和防灾减灾中发挥着日趋明显的重要作用(夏于 等,2013)。该项技术在小麦苗情监测的成熟应用,可以为果树霜冻灾害监测提供有力的技术支持,实现监测的自动化和信息化。

4.1.2 监测场地

霜冻的发生除天气条件外,还与地形、土壤性质等相关,洼地、谷地风速小,易沉积冷空气,霜冻也较平地重;沙壤土热容量小,夜间散热快,霜冻较黏壤土更重(王少敏 等,2002)。

霜冻地面监测应选择有代表性的场地进行监测。考虑到冷空气的特点,在平原地区,监测地点宜设在靠近果园边缘更易遭受低温影响的区域,而在山谷地区,监测地点宜设在地势较低的果园内。

霜冻监测需采取点面结合的方法,既要有相对固定的观测地段进行系统的观测,又要在果树生产的关键季节、作物生育的关键时期和霜冻害发生时进行较大范围的农业气象调查。

4.1.3 监测要素

监测要素的选择必须遵循平行监测的原则,既要监测果树环境的物理要素,也要监测果树的发育期进程、生长状况和产量的形成。

物理要素主要包括 1.5 m 和 2.0 m(或 2.5 m)界面的空气温度、空气湿度和风速、风向,以及环境的气压,土壤温度,土壤湿度,降雨量,光合有效辐射,太阳辐射等。

采用静态摄像系统和云台视频系统来监测果树的发育进程和生长状况。

具体配置可根据当地实际需要设置,如在"中国北方果树霜冻灾害防御关键技术研究"(GYHY201206023)所支持的山东泰安监测点,配置了一层空气温度、湿度、雨量监测,两层(1.5 m 和 2.0 m)风速风向监测;宁夏银川监测点增加了一层土壤温度和土壤湿度监测。

4.1.4　监测仪器要求

监测要素中物理要素的监测均通过相应的传感器完成,各个传感器的参数范围如下:

空气温度:感应精度范围 ±0.5 ℃,温度检测范围 −30～65 ℃,工作温度范围 −30～65 ℃;

空气湿度:感应精度范围 ±5%,湿度测量范围 RH 在 0～100%;

风速:测量范围 0～30 m/s,输出信号 1～5 V,测量精度 ±0.5 m/s;

风向:测量范围 0～360°,输出信号 4～20 mA,测量精度 ±5%;

土壤温度:感应精度范围 ±0.2 ℃,温度检测范围 −30～65 ℃,工作温度范围 −30～65 ℃(地表);

土壤湿度:单位 %(m³/m³),测量范围 0～100%,精度范围 ±3%;

雨量传感器:测量降水强度 4 mm/min,测量最小分度 0.1 mm 降水量,允许最大误差 ±0.4 mm(≤10 mm)或 ±4%(>10 mm);

光合有效辐射:光谱范围 400～700 nm,测量范围 0～2500 μmol/ms,灵敏度 5～50 μmol/ms,余弦校正上至 80°入射角;

太阳辐射:反应波段 300～1100 nm,测量范围 0～2000 W/m²,精度 ±5%,分辨率 1 W/m²。

网络支持:视频数据传送需要较大的网络带宽支持,因此在布设静态摄像系统和云台视频系统时,需配备有线宽带网络来保证传输;若无视频监测系统时,优先保证有线宽带支持,其次可考虑 3G 无线网络进行数据传输。

此外,在监测场地优先利用 220 V 交流电进行设备供电,其次可采用太阳能电池供电,但都需配备避雷设施。

4.1.5 仪器布设

空气温度、空气湿度及风速风向等传感器的布设原则是既要保证空气温度传感器、空气湿度传感器能与果树枝叶尽量靠近,又要保证果树枝叶尽量少对风速风向产生影响,一般布设两个层次,分别为 1.5 m 和 2.0 m(根据树龄也可选择 2.0 m 或者2.5 m)高度,布设空气温度、空气湿度以及风速风向各一层。

土壤温度、土壤湿度选择距果树树茎 20～100 cm 范围内布设,传感器埋入地面以下 5 cm 左右。

降雨量、光合有效辐射和太阳辐射监测要保证枝叶不会挡雨或遮光,选择高处放置或者离枝叶较远处放置,优先选择高处放置。

静态摄像系统需保证枝叶生长不影响视线并选择较好的花芽长期进行监测,保证果树整个生长发育期能全程拍照。

云台视频系统设置要保证其高度高于树冠并具有良好的网络条件。

4.1.6 监测要素识别霜冻的发生程度

气象条件的好坏与霜冻的产生关系密切,可以根据监测的天气状况和实际地理位置来分析和推测霜冻的日期。一是看当地的天气实际情况。当该地区出现降雨或者是降雪天气后,如果白天刮偏北风,到傍晚时转为静风,且天空晴朗少云,下半夜出现霜冻的可能性就比较大。二是看地面的湿度。如果该地区连续数日都是晴天,地面干燥,夜间地面的强烈辐射会导致地表和近地面气层迅速降温,此时霜冻出现的时期必然会比较早;反之则霜冻出现的时期就会比较晚。三是看露水的有无。若夜晚晴朗无风,且无露水或者是露水很少的情况下,一旦气温持续降低,凌晨出现霜冻的可能性就会比较大;反之,则出现霜冻的可能性就会比较小(张锦泉 等,2013)。除临界温度外,晚霜冻害的危害程度还与温度变率有关。

不同果树品种对霜冻的耐受程度不同,例如在陕西的苹果种植区,当日最低气温 $T \leqslant -4℃$,形成重度霜冻可导致 70% 的产量损失;当 $-4℃ < T \leqslant -2℃$ 时,形成中度霜冻可导致 50% 的产量损失;当 $-2℃ < T \leqslant 0℃$ 时,形成轻度霜冻可导致 30% 的产量损失。

4.1.7　果园霜冻监测系统应用

依托公益性行业(气象)科研专项"中国北方果树霜冻灾害防御关键技术研究"课题"北方果树霜冻灾害监测与调控关键技术"(GYHY201206023-03),在山东泰安(图4.1)和宁夏银川建立监测点,深入研究北方果树霜冻灾害影响指标体系和诊断方法,研发针对果园的霜冻灾害远程监测方法与相应技术产品(图 4.2、图 4.3、图 4.4),将实时动态监控数据与专家经验和农艺管理知识融合,初步建立北方果树霜冻灾害监测系统,并在选定试验点进行示范应用。

图 4.1　山东省泰安监测点监测仪器实景图

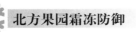

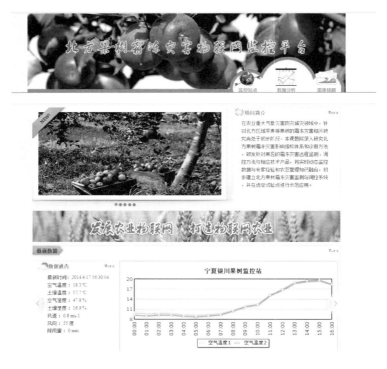

图 4.2 北方果树霜冻灾害物联网监控平台界面

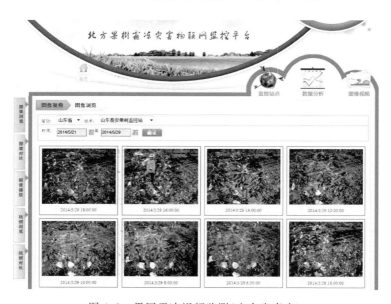

图 4.3 果园霜冻视频监测(山东省泰安)

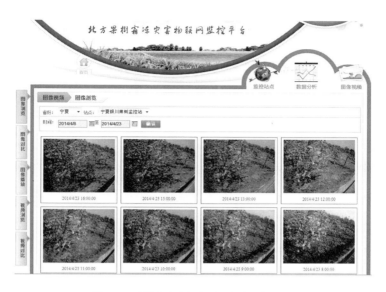

图 4.4　果园霜冻视频监测(宁夏银川)

4.2　霜冻卫星监测

4.2.1　概况

　　根据现有的文献,霜冻遥感监测多是针对农作物,对果树霜冻的监测研究较少。宁夏、安徽、广西等地的气象部门发布过一些农作物霜冻遥感监测的报告。张晓煜等(2010a)利用 1991—2000 年 NOAA 卫星资料、宁夏各台站温度资料和霜冻调查资料,采用植被指数差值(DVI)法(间接法)、温度指示(TR)法(直接法)和冷谷面积法(ACV)监测宁夏不同类型的霜冻,取得了良好效果;后来还利用 1991—1996 年宁夏霜冻灾害资料和同期 NOAA(AVHRR)资料和霜冻遥感监测结果,构建了宁夏主要作物霜冻灾损评估模式。杨邦杰等(2002)研究了山东省 1995 年 3—4 月份的冬小麦冻害遥感监测,利用 NOAA/AVHRR 的修正 NDVI 值与同期最低气温值与气象部门记录的霜冻害事件对比分析,取得了较好的效果。汤志成等(1989)利用 NOAA 数据合成绿度图,对比不同时相的绿度差异评价了 1987 年江苏的冬小麦冻害状况。林海荣等(2009)结合农业灾害和农作物生长发育统计数据,通过植被指数变化和冠层温度差异对新疆沙湾2001年8月初棉花结桃时发生的冷害进行遥感监测。李章成(2008)根据光谱曲线和ETM+30 m遥感图像对棉花冷害进行了研究。

果树霜冻遥感监测与农作物不同,运用植被指数法监测果树霜冻效果很差,主要是因为果树霜冻多发生于蕾期、开花期和幼果期,受冻的位置是蕾、花和幼果。由于很多果树是先开花,后展叶,此时的冠层植被指数主要是反映土壤信息,需要寻求其他的技术途径解决果树霜冻的遥感监测问题。近几年随着热红外遥感技术的发展,利用遥感数据可以很好地反演地表温度,特别是夜间的温度,据此可以识别果树霜冻灾害的发生和确定灾害发生的范围。

4.2.2 卫星地表温度与最低气温的关系

霜冻的发生与作物本身抗寒能力、低温强度及持续时间有关。阴云天降温发生的霜冻,因为云的存在,无法利用遥感技术直接监测。而辐射型霜冻发生时天空晴朗,遥感可以获取地表温度信息。因此,霜冻遥感监测也是有条件的,只有辐射型霜冻才能实现遥感直接监测。根据调研,北方果树早春晚霜冻主要发生在夜间。因此,霜冻监测重点使用夜间的卫星数据,而且最低温度出现时,卫星不一定正好过境,因此还要格外关注卫星观测时间,进而对霜冻的情况进行合理的判定。根据不同类型霜冻天气的气温日变化特征,将卫星遥感测得的实时地表温度值订正到最低温度应出现时的数值。

表 4.1 宁夏 10 个气象站观测资料与 MODIS LST 相关关系

卫星数据源	与最高气温相关系数	与最低气温相关系数	与平均气温相关系数
Aqua(白天)	0.9277	0.8578	0.9164
Terra(白天)	0.9341	0.8744	0.9284
Aqua(夜晚)	0.9472	0.9767	0.9672
Terra(夜晚)	0.9533	0.9673	0.9702

卫星监测的地表温度和常规气象观测的温度是有差异的,二者观测的物理基础不同,观测温度数值也不同。为了检验霜冻卫星监测的准确性,首先需要验证卫星的地表温度数据与最低气温的关系。利用宁夏自2000年以来逐日10个国家一级、二级气象站观测的气温数据与同期 Terra 和 Aqua 两个卫星的 MODIS LST 数

据进行了对比研究,发现夜间卫星监测资料与最低气温有非常好的相关关系(表4.1),说明卫星资料用于监测低温霜冻是可行的。为了弥补卫星过境遇云覆盖无地表资料的不足,针对地面一个固定位置,扩大卫星数据的取值范围,发现扩大取值窗口的确可以增加有效数据,如从1个像元取值增加到9×9像元取值,可多增加约25%的有效数据,但是同时也发现,扩大范围以后,空间的异质性在增加,卫星遥感反演的地表温度与常规气象观测温度之间的相关性在降低,因此,不建议无限地扩大取值范围,单像元或利用3×3像元取值是比较合理的。基于宁夏27个气象站的空间位置,分析卫星地表温度数据与最低温度数据的统计关系,发现在宁夏全年约有60%的概率可得到卫星地表温度数据。银川河东生态园艺试验中心4月份可获得数据概率达不到60%,但轿子山林场却可达77%。而实际监测结果表明,捕捉到低温霜冻的概率高于此值,表4.2为2000年以来霜冻事件与相应的卫星地表温度与最低气温数据。

表4.2 宁夏两个果园气象站观测资料与 MODIS LST 反演霜冻结果对应统计表

单位:℃

霜冻时间	HD-MOD-LST	HD-MYD-LST	YC-MinT	JZ-MOD-LST	JZ-MYD-LST	ZN-MinT
2000年4月9—10日	−5.1		−5.2	−5.5		−5.0
2000年4月14—15日	−2.2		−0.8	−3.5		−3.1
2002年4月16—17日	−1.2		−2.1	−0.6		−3.8
2004年4月6—7日	有云	−4.6	−2.7	有云	−3.9	−1.9
2004年4月7—8日	−0.8	−1.2	−0.3	−1.4	−1.5	−1.0
2005年4月12—13日	−0.1	−2.8	−0.5	−1.9	−2.5	−2.7
2006年4月12—13日	−2.9	有云	−2.6	−5.5	有云	−3.8
2007年4月7—8日	0.3	−2.9	0.8	−0.3	−3.9	−1.6
2008年4月22—23日	−2.1	−0.5	0.0	−1.7	−2.5	−0.7
2010年4月12—13日	−5.6	−6.4	−4.3	−5.1	−5.3	−4.2
2013年4月5—6日	−1.9	−1.9	−2.0	−3.0	−6.4	−2.5
2013年4月8—9日	−3.9	有云	−3.8	−5.8	有云	−3.8

注:HD-MOD-LST 为河东生态园艺试验中心 Terra 卫星反演地表温度;HD-MYD-LST 为河东生态园艺试验中心 Aqua 卫星反演地表温度;YC-MinT 为距银川河东生态园艺试验中心最近的银川气象站最低温度;JZ-MOD-LST 为轿子山林场 Terra 卫星反演地表温度;JZ-MYD-LST 为轿子山林场 Aqua 卫星反演地表温度;ZN-MinT 为距轿子山林场最近的中宁气象站最低温度。有云表明此次没有直接的卫星反演地表温度数据。空白区域为 Aqua 卫星尚未发射

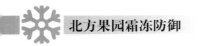

4.2.3　霜冻卫星监测案例

Terra 和 Aqua 两颗卫星反演的地表温度数据是当前遥感领域可以公开获得的最好数据,但是数据有大约 1~2 周滞后性,从时间角度来说,不能满足实时霜冻或准实时监测业务的需要。利用我国自主发射的风云卫星反演生成的地表温度产品,就能够实时或准实时地监测霜冻,为果园防霜减灾提供科技服务。

风云三号气象卫星是我国第二代极轨气象卫星,总共装载 11~12 个探测仪器,其中 10 通道的扫描辐射计 VIRR 数据可用于反演地表温度数据。目前,已有 FY-3A、FY-3B、FY-3C 3 颗卫星可以提供 VIRR 数据。FY-3A 卫星夜间过境宁夏的时间约是 21:30,FY-3C 是 22:30,而 FY-3B 是 3:30。FY-3B 的过境时间更接近最低温度出现的时间。数据的预处理主要包括几何校正、投影转换、去条带、辐射定标、亮温计算及地表温度反演等步骤。

由于卫星数据的覆盖范围很大,因此可以针对小到果园,大到跨行政区的霜冻监测。银川河东生态园艺试验中心和宁夏中宁县轿子山林场是两个大型的果园。银川河东生态园艺试验中心位于宁夏银川市兴庆区月牙湖乡,规模为 1200 hm²;中宁县轿子山林场始建于 1979 年,距中宁县城 14 km,林场经营管理面积达 1700 万 hm²。每年 4 月和 5 月是果树萌芽、开花和幼果期,抗寒能力大大减弱,极易遭受霜冻害。根据 2000 年以来逐日 Terra 和 Aqua 两颗卫星反演的地表温度数据反演了银川河东生态园艺试验中心和轿子山林场霜冻信息,图 4.5 为 3 次典型霜冻卫星遥感监测结果。果园位于图像中心,约 3×3 像素的范围内,图像大小为 9×9 像素,像素大小为 1 km²。

利用风云三号卫星(ABC 星)数据反演的地表温度,对 2014 年 4 月 3—4 日夜间整个宁夏的霜冻进行了监测。图 4.6 为风云三号 A 星、B 星和 C 星获得的宁夏夜间温度变化情况。图 4.7 为风云二号静止卫星 E 星观测到的夜间温度变化过程。根据晚上 21:20 左右获取的 FY-3A/VIRR 数据,河东生态园艺试验中心最低温度约 275.4 K(2.2 ℃),轿子山林场最低温度约 274.5 K(1.3 ℃),根据晚上 22：35 左右获取的 FY-3C/VIRR 数据,河东生态园艺试验中心最低温度约 270.4 K(−2.8 ℃),轿子山林场最低温度约 276.1 K(2.9 ℃),根据凌晨 3：25 左右获取的 FY-3B/VIRR 数据,陶林果园最低温度约 269.6 K(−3.6 ℃),轿子山林场最低温度约 269.9 K(−3.3 ℃)。轿子山林场夜间 21：00—23：00 的温度回升过程在静止卫星和极轨卫星上均有反映,说明风云卫星对低温比较敏感,可用于果园霜冻监测。

  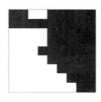 

银川河东生态园艺试验中心和轿子山林场 2010 年 4 月 12—13 日夜间发生的霜冻事件

  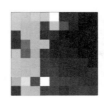 

银川河东生态园艺试验中心和轿子山林场 2004 年 4 月 7—8 日夜间发生的霜冻事件

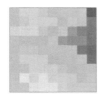   

银川河东生态园艺试验中心和轿子山林场 2005 年 4 月 12—13 日夜间发生的霜冻事件

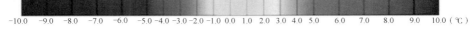

−10.0　−9.0　−8.0　−7.0　−6.0　−5.0 −4.0 −3.0 −2.0 −1.0 0.0 1.0　2.0　3.0　4.0　5.0　6.0　7.0　8.0　9.0　10.0（℃）

(左二图为 Terra 卫星数据,右二图为 Aqua 卫星数据)

图 4.5　银川河东生态园艺试验中心和轿子山林场霜冻卫星监测结果

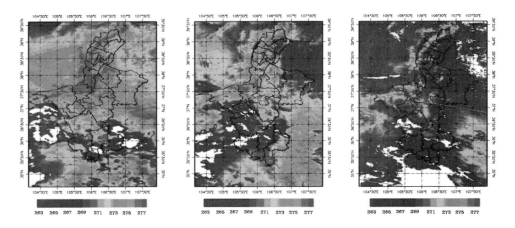

图 4.6 2014 年 4 月 3—4 日宁夏霜冻监测结果

（左图为 FY-3A/VIRR 数据，中间为 FY-3C/VIRR 数据，右图为 FY-3B/VIRR 数据）

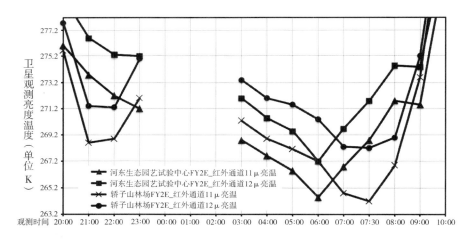

图 4.7 2014 年 4 月 3 日夜—4 日晨，宁夏夜间发生晴空辐射降温监测结果

（图中风云二号 E 星监测记录的河东生态园艺试验中心和轿子山林场降温过程曲线，北京时间 00：00、01：00、02：00 缺测）

由于卫星过境时间较最低温度出现的时间早，建立卫星监测的地表温度与最低温度的关系，则可以用于临近预测霜冻的情况。一旦有霜冻发生，果农则有时间来采取果园防霜措施。

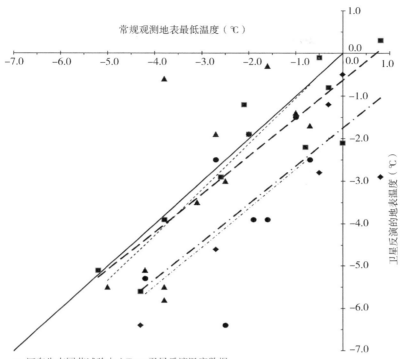

常规观测地表最低温度（℃）

卫星反演的地表温度（℃）

■ 河东生态园艺试验中心Terra卫星反演温度数据
◆ 河东生态园艺试验中心Aqua卫星反演温度数据
▲ 轿子山林场Terra卫星反演温度数据
● 轿子山林场Aqua卫星反演温度数据
—— 1：1对比线
– – 河东生态园艺试验中心Terra卫星反演温度与地表最低温度的回归关系线
　　$y=0.8911x-0.6333$，$R^2=0.805$
– · – 河东生态园艺试验中心Aqua卫星反演温度与地表最低温度的回归关系线
　　$y=0.8901x-1.7556$，$R^2=0.613$
- - - - 轿子山林场Terra卫星反演温度与地表最低温度的回归关系线
　　$y=1.0732x+0.0232$，$R^2=0.5021$
- · - · - 轿子山林场Aqua卫星反演温度与地表最低温度的回归关系线
　　$y=0.9157x-1.8044$，$R^2=0.3986$

图 4.8　MODIS LST 与最低温度的回归关系

4.3　霜冻危害程度评价

霜冻会使果树的花、叶、幼果、枝梢、主干等局部受到伤害或死亡，造成落花、落叶、落果或全株死亡。轻则引起减产，树势衰弱，严重时会整枝枯死，造成极其严重的经济损失。不同时期果树霜冻害所致的经济损失也不相同。幼果期受到霜冻，直接影响产量，经济损失最大，开花期、蕾期、越冬期、晚秋产量损失要依次减轻。霜冻危害程度评价是在霜冻发生后，通过调查取样，按照霜冻评价指标和霜冻等级标准，定性评价霜冻的受害程度，对果树产量损失区间进行基本判断的一种技术。霜冻危害程度评价是霜冻损失定量评估的重要补充，是果树产量预估的基础。

4.3.1 评价指标

晚霜冻主要危害果树的花朵和幼果，最终影响果树坐果率。因此，评价霜冻危害程度的指标主要选择花朵（苞）受冻率、花序受冻率、幼果受冻率等。需要指出的是：花朵、花序、幼果受冻率统计，是在完全自然条件下进行的，人工修剪或疏花疏果下果树的受冻率不在本书讨论范畴。

（1）花朵（苞）受冻率（R_f）

果树花朵受冻较轻时，对花朵授粉和坐果影响不大，受冻严重时雌蕊和雄蕊变褐发干，成卷曲状，而失去授粉受精能力，子房逐渐凋萎皱缩，花梗基部产生离层，数日内脱落。因此，花朵受冻标准以花朵柱头或子房受冻变黑为标准。花朵（苞）受冻率采取随机取样，选择代表地段随机选择几颗果树分上中下随机取枝条，调查统计取样枝条上花朵总数（n），以及受冻花朵数量（F_n），则：

$$R_f = \frac{F_n}{n} \times 100\%$$

（2）花序受冻率（R_i）

花序受冻率采取随机取样，选择代表地段随机选择几颗果树分上中下随机取枝条，调查统计取样枝条上花序总数（m），以及受冻花序数量（F_m）。花序受冻标准以1个花序中所有花朵（苞）都受冻作为标准，只要花序中有1个以上花朵（苞）没有受冻，则视为整个花序没有受冻。

$$R_i = \frac{F_m}{m} \times 100\%$$

（3）幼果受冻率（R_y）

果树幼果期遇霜冻后，轻者幼果果面留下霜冻环或部分坏死，虽然果实能膨大,但往往变成畸形小果;重者幼果表面出现白点,果仁出现褐色斑点,果实生长速度减缓,最后脱落。幼果受冻率采取随机取样,选择代表地段随机选择几颗果树分上中下随机取枝条,调查统计取样枝条上幼果数量(k),以及受冻幼果数量(F_k),幼果受冻标准以果面留下冻斑或霜冻环为标准,也可通过横切幼果查看果仁,以果仁是否变成褐色作为依据。

$$R_y = \frac{F_k}{k} \times 100\%$$

4.3.2 霜冻危害程度等级划分

目前还没有明确的对于果树的霜冻害等级的划分。气象行业标准《植物霜冻害等级标准》(马树庆 等,2008)中针对主要粮食作物和经济作物,还涉及几种主要果树和蔬菜制定了霜冻害等级划分标准。该标准根据日最低气温下降的幅度、低温强度及植物遭到霜冻害后受害和减产的程度,规定植物霜冻害分为三级,即轻霜冻害、中霜冻害和重霜冻害。考虑到果树霜冻害有别于蔬菜和粮食作物,根据项目组宁夏银川河东生态园艺试验中心调查结果,结合以上标准,对主体和指标进行了适当修订。当花序受冻率和幼果受冻率其中之一达到霜冻等级划分标准,就可以判定为该地区果树遭受了该等级霜冻害。通过霜冻危害等级的划分,以期通过调查,把握霜冻危害程度,为决策部门掌握霜冻害的严重程度,预估果树产量,为科学管理果园,尤其是为后期果树疏花疏果提供决策依据。

(1)轻霜冻害

最低气温下降较明显,但低温强度不大,果树花序受冻率 $R_i < 30\%$,或幼果受冻率小于 10%,部分受冻部位可以恢复。产量损失幅度一般在 5% 以内。

(2)中霜冻害

降温明显,低温强度较大,持续时间较长,果树花序受冻率在 $30\% \sim 50\%$,或幼果受冻率 R_y 在 $10\% \sim 30\%$。产量损失 $5\% \sim 30\%$。

(3)重霜冻害

降温幅度和低温强度都很大,持续时间长,果树花序受冻率达 $50\% \sim 80\%$,或幼果受冻率 R_y $30\% \sim 80\%$。产量损失 $30\% \sim 60\%$。

（4）特重霜冻害

降温幅度很大,低温强度很强,持续时间很长或连续多天出现霜冻,果树花序受冻率达 80% 以上,或幼果受冻率 R_y 大于 80%。核果类果树减产 60% 以上或绝产。而仁果类果树,如苹果的腋花(芽)此时也会受冻致死,造成果树减产幅度猛增,产量损失出现跃升现象,果树产量损失可达到 80% 以上,甚至绝产。

4.4　霜冻风险评估

4.4.1　霜冻灾害风险概念

随着联合国国际减轻自然灾害十年(IDNDR)活动的结束和国际减灾战略(IS-DR)的实施,有关自然灾害的研究以及减灾与可持续发展越来越引起世界各国科学家的关注。减灾就是通过工程性措施和非工程性措施的综合运用,限制和削弱灾害源和灾害载体,对容易损失的承灾体实施保护和提高综合抗灾能力的过程。但是在实际上,在未来若干年中,人类还不可能控制来自于自然方面的灾害源和灾害载体,同时,人类在灾害系统中所起的作用也越来越大、越来越复杂,逐渐实现"从减轻灾害到降低灾害风险"理念的转变,对灾害更多地考虑其动态过程、而不仅仅是其最终形成的灾情,注重实施对承灾体的保护,减轻承灾体的易损性,实现社会经济和灾害之间的协调平衡,减少灾害对人类社会造成的损失就显得日趋重要。因此,开展自然灾害风险研究是减轻灾害损失、实现区域可持续发展的需要。

区域灾害系统论观点认为,灾害是社会与自然综合作用的产物,即灾害是地球表层孕灾环境、致灾因子、承灾体综合作用的产物。致灾因子、孕灾环境与承灾体的相互作用都对最终灾情的时空分布、程度大小造成影响(史培军,1996)。灾害形成就是承灾体不能适应或调整环境变化的结果。承灾体脆弱性指一定社会政治、经济、文化背景下,某孕灾环境区域内特定承灾体对某种自然灾害致灾因子表现出的易于受到伤害和损失的性质。所以,在灾情形成过程中,致灾因子、孕灾环境与承灾体缺一不可。

霜冻灾害属突发性自然灾害,形成原因与很多要素有关,早期的霜冻灾害致灾因子研究侧重在自然致灾因子方面。近年来,人们认识到霜冻灾害是在自然和人为因素的共同作用下形成和发展的气象灾害,霜冻灾害的发生,不仅受气温、光照、土壤湿度和低温持续时间等因素的影响,同时和地形、社会经济状况,灾后恢复条件及生产力水平,以及作物的种类、品种、发育期、长势等紧密相关,是一种多种因素综合作用而致灾的农业气象灾害(张晓煜 等,2001b)。

霜冻灾害主要是低温所可能导致的农作物或果木等生长受冻,并因此而造成的农作物或果木产量损失以及随之造成的社会经济方面损失的灾害。对于霜冻灾害而言,孕灾环境包括孕育并产生霜冻灾害的自然环境与人文环境,主要包括气候变化、地形、地势、地貌变化以及土地利用/覆被变化过程等。霜冻灾害的致灾因子主要就是从自然因素的角度出发,在农作物或果木生长过程中,由于气候、气象条件发生变化所引发的农作物或果木低温胁迫造成可能损失的事件。霜冻灾害致灾因子一般可以从低温胁迫因子(平均气温、日最低气温、地温等)、低温持续时间、强度、范围等方面进行描述和刻画。引起低温的因素既有大尺度的环流形势,也有局地尺度的小气候特征,后者又受到局部地形、坡度、坡向、植被覆盖及土壤含水量等诸多因素的影响。此外,低温和高光强相互作用可以加重霜冻危害。

在一个特定的孕灾环境条件与致灾因子下,霜冻灾害的承灾体就是受影响的农作物或果木本身。霜冻灾害承灾体脆弱性是指某种农作物或果树易于遭受低温致灾因子危害的程度,这反映了特定品种、特定种类农作物或果树对低温胁迫的承受能力。农作物或果木的脆弱性主要是受不同类型和同一种类不同品种的遗传特性影响的。在霜冻灾害风险评价中,需要知道承灾体农作物或果树自身的脆弱性特征,而同一承灾体在受到同一致灾因子的不同程度致灾打击时,其脆弱性的大小并不相同。而降低农作物或果树脆弱性的能力主要是通过进行调整农业种植结构(也就是改变作物类型)和改良或改变作物品种来实现的。霜冻灾害承灾体的暴露性是指霜冻灾害致灾因素对个体承灾体进行打击,并对承灾体本身造成损失的关键因子,表示承灾体的数量和价值。若没有暴露性(如无作物生长地区)或者有阻断致灾因素与承灾体相接触的媒介(如温室作物),那么霜冻灾害就不会发生,其风险就为零。

可见,霜冻灾害致灾因子的致灾能力主要是受气象条件等自然因素决定。而承灾体的暴露性则是决定霜冻灾害能否发生的关键。只有当霜冻灾害致灾因子、承灾体、暴露性三者同时具备时,霜冻灾害才会出现,即农作物或果树产量受到损失的灾情出现,而孕灾环境的情况则对致灾因子和承灾体的强度和承受度有一定的放大或缩小的作用。

适应性是从人文因素的角度出发,在农作物或果木的生长过程中,通过人为的田间管理措施等来减轻农作物或果树受霜冻致灾因素打击的能力。适应性可以通过田间管理措施、抗寒品种培育、物理、化学技术防治等方面进行描述和刻画。

灾害恢复力作为系统的一个有价值的属性,与风险、脆弱性和适应性一起,已经成为当前灾害综合管理和减灾研究的重要内容。区域灾情形成过程中,脆弱性与恢复力有着明显的区别,脆弱性是区域灾害系统中致灾因子、承灾体和孕灾环境综合作用过程的状态量,它主要取决于区域的经济发达程度与果园霜后补救措施的能力和水平;恢复力则是灾害发生后,区域恢复、重建及安全建设与区域发展相互作用的动态量,它主要取决于区域综合灾害风险行政管理能力、政府与企业投入和社会援助水平。恢复力大小决定了实际的灾情,恢复力大的地区能够降低可能的灾害损失,及时从灾害中恢复到正常状态,恢复力小的地区则正好相反。恢复力对下一次灾害也将产生正面影响,可以帮助人们更好地做好备灾响应、改进减灾规划和应急预案,从而进一步降低脆弱性,从而降低风险。霜冻灾害恢复性可以从政府投入、保险情况等方面描述。

4.4.2 霜冻灾害风险分析

在分析影响霜冻灾害的多重自然因素与社会因素的基础上,从缓解孕灾环境敏感性、减轻致灾因子危险性、降低承灾体脆弱性,以及提高适应性、增强恢复性的角度出发,筛选、建立果树霜冻灾害风险评价指标体系与模型,开展霜冻灾害综合风险分析,将有助于进一步开展霜冻灾害风险管理,减轻灾害损失。

(1)霜冻灾害孕灾环境敏感性分析

霜冻灾害的孕灾环境主要包括气候变化、地形、地势、地貌变化以及土地利用/

覆被变化过程等。土地利用/覆盖变化具有较强的累积性,往往带来一系列生态后果,孕灾环境稳定性的变化,如植被覆盖度的减少,裸地的增加,导致水土流失加剧,土壤蓄水量下降,改变了霜冻灾害发生和发展的风险。近几十年来,全球变暖已成为人们共识,但全球变暖并不意味着霜冻发生概率和潜在危险的减弱,甚至霜冻害的发生有增加的趋势(李红英 等,2014)。其原因,一是由于气候变暖是一种长期、缓慢、非直线的过程,不同地区的变暖趋势也各不一样;二是由于气候变暖使得果树在春季提早发芽开花,秋季休眠期推迟,从而降低了果树的抗寒力,之后遇到温度剧降的天气,很容易发生霜冻灾害;三是由于近十几年来低温霜冻等极端天气更显多变,使初终霜日变得非常不稳定,从而使得果树遭受低温灾害的风险加大(李秀芬 等,2013)。

孕灾环境敏感性分析主要包括区域环境演变时空分异规律(气候变化、地貌变化以及土地覆盖变化过程)的重建。充分利用遥感与地理信息系统技术,检测分析区域土地利用/覆盖动态变化,评价其生态影响后果;基于数字高程模型 DEM,提取坡度、坡向、海拔等地形、地势因子,分析其对霜冻灾害的影响;并结合区域气候模式,进行区域未来气候情景分析。在此基础上,建立环境变化与霜冻灾害时空分异规律的关系,寻找在不同环境演变特征时期霜冻灾害的空间分布、分异规律,进而综合开展霜冻孕灾环境敏感性分析。

(2)霜冻致灾因子危险性分析

霜冻灾害危险性分析是针对霜冻灾害,断定在未来某时间点或时间段内,各种程度的霜冻灾害发生的可能性。首先研究某地区在特定时间内遭受何种霜冻灾害类型,再分析该霜冻灾害强度指标的概率分布函数,其主要内容是风险识别和风险估计。风险识别是指对尚未发生的、潜在的以及客观存在的影响霜冻灾害危险性的各种因素进行系统地、连续地辨别、归纳、推断和预测,并分析产生风险事件原因的过程。风险估计是对霜冻灾害各强度指标的概率分布函数的分析和估计。危险性分析的常用方法有数理统计方法、模糊数学方法、系统仿真方法、调查法、故障树法等。采用概率论和数理统计等数学方法,进行基于历史灾情或现状分析,如作物产量或成灾面积等参数进行霜冻灾害风险分析也是较为常见的方法。该方法主要是根据作物减产或者历史霜冻灾害统计资料,来确定霜冻灾害发生的强度或者频率来进行风险评估。针对不完备信息下的灾害数据,信息扩散等模糊信息优化处理技术是一个很好的解决办法(黄崇福,2006)。

(3)霜冻灾害承灾体脆弱性分析

灾害脆弱性研究是现在灾害研究领域重要方法,其与致灾因子危险性共同构成影响灾害程度的两个重要因素。脆弱性作为危险暴露程度及其易感性和抗逆力尺度的考量,可以更有效地在自然灾害防灾减灾中起到重要作用,并在很大程度上影响灾害的作用效果。目前灾害脆弱性研究仍以定性或半定量为主,随着灾害机理研究的深入,灾害脆弱性将从社会学的定性分析转向自然科学与社会学相结合,运用多种模型与因子解释脆弱性成因的综合性定量评估。目前自然灾害脆弱性评估方法主要有综合指数法、图层叠置法和脆弱性函数模型评价法。

脆弱性评估划分为广义与狭义两种,广义脆弱性评估是对灾害系统的脆弱性评估,狭义脆弱性评估是针对人类社会经济系统对致灾因子的敏感(反映)程度。在广义脆弱性评估体系中,易于诱发灾害事件的孕灾环境(自然与人文环境)、易于酿成灾情的承灾体系统(社会经济系统)、易于形成灾情的区域或时段组合在一起,则必然导致较高的灾害系统脆弱性水平。一般评估广义脆弱性(V)的模型如下(史培军 1996;2002):

$$V = V_{SE} \bigcap V_E \bigcap V_{ST} = f(H, E, \phi, \lambda, h, t)$$

式中:V_{SE} 为区域时空脆弱性;V_E 为孕灾环境脆弱性;V_{ST} 为承灾体脆弱性;H 为人类系统;E 为环境系统;ϕ 为纬度;λ 为经度;h 为高度;t 为时间。

(4)霜冻灾害适应性与恢复力分析

在霜冻灾害适应性和恢复力综合评估指标体系的基础上,利用果树承灾体的属性数据,通过相关分析、线性回归、主成分分析等统计分析方法拟合承灾体属性与适应性和恢复力指数的经验函数关系,从综合评估指标体系中提取适应性和恢复力的主要干扰因子集,并量化影响程度的大小,确定灾后恢复过程中各干扰因子的优先次序,找到促进适应性和恢复力的关键约束因素和关键期。在此基础上,采用数学模型和系统动力学方法,结合数字高程模型、地理信息系统技术,构建适应性和恢复力系统基本结构,建立恢复力系统动力学模型,进行霜冻灾害适应性与恢复力分析。

4.4.3　霜冻灾害风险评价体系

21 世纪以来国际上已完成的自然灾害风险评估指标计划主要有 3 个:一个是由联合国开发计划署(UNDP)与联合国环境规划署(UNEP)共同实施的"灾害风险指数系统(DRI)研究"(Dilley,2005);一个是由美国哥伦比亚大学、Provention 国际联盟完成的"灾害风险热点区研究计划(Hotspots Projects)"(Cardona,2003)以及由国立哥伦比亚大学、拉丁美洲和加勒比海地区经济委员会(ECLAC)以及中美洲发展银行(IADB)合作的美洲计划(American Programme)(Birkmann,2010)。

3 个国际计划首次提出了全球和地区综合性的灾害风险评估,同时给出了第一个在全球和地区尺度上单一灾种的结构性的损失分析。DRI 和 Hotspots 计划基于省市级和国家级的数据给出全球灾害风险区划图。这 3 个指标计划共同提出:灾害的死亡风险由灾害暴露、灾害发生的频度和强度以及暴露要素的脆弱性等 3 个因素造成(Hao *et al*,2012)。

DRI 首次开发了 2 个脆弱性全球指标,Hotspots 发展了 3 个灾害风险指数,美洲计划开发了 4 个独立的指标体系,并成功地运用到美洲 12 个国家,做了实证研究。DRI 和 Hotspots 的指标比较类似,操作相对简易;美洲计划的指标体系较复杂但比较全面。它们都开创了全球自然灾害风险评估定量化和定性化的先河。

总的来看,自然灾害风险评估正在向着评估结果定量化、区域综合化、管理空间化的方向发展。现实社会的防灾减灾工作迫切要求风险评估结果具有确定的定量风险值。然而,由于自然灾害预报的复杂性,目前尚没有任何一个灾种能够实现这一目标。

(1)霜冻灾害评价体系结构

在分析影响霜冻灾害的多重自然因素与社会因素的基础上,从缓解孕灾环境敏感性、减轻致灾因子危险性、降低承灾体脆弱性,以及提高适应性与恢复性的角度出发,筛选、建立果树霜冻灾害风险评价指标体系与模型,开展霜冻灾害综合风险评价,将有助于进一步开展霜冻灾害风险管理,减轻灾害损失(图 4.9)。

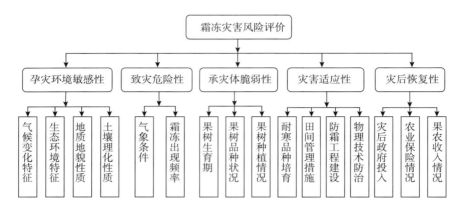

图 4.9　霜冻灾害风险评价体系

（2）评价指标

在建立霜冻灾害空间数据库的基础上，通过分析灾害形成过程中致灾因子、孕灾环境、承灾体三者的作用机制，探讨各类评估指标的获取方法，构建霜冻灾害评价指标体系与分类分级标准。

霜冻灾害孕灾环境敏感性是决定霜冻灾害脆弱性形成的前提，直接或间接对脆弱性起着加剧或缓减的作用，构建敏感性指标体系需要考虑的要素主要包括气候类、环境类以及土地利用/覆被类（表 4.3）。

表 4.3　果树霜冻灾害孕灾环境敏感性评估指标

指标类	具体指标
气候指标	累年平均气温
	平均气温变率
	累年霜冻出现日期
	累年极端低温日数
	累年日平均最低气温
	寒潮天气出现频次
环境指标	土壤理化性质
	土壤肥力
	地形地貌特征
土地利用/覆被指标	土地沙化退化面积
	农牧林用地比例变化
	土地利用结构变化

①气候类,主要包括区域累年气候特征、寒潮过程出现频次等;②环境类,主要包括土壤理化性质、土壤肥力、地形地貌特征等;③土地利用/覆被类,主要包括区域土地利用与覆盖类型变化,土地利用结构现状等。

构建霜冻灾害致灾因子敏感性指标体系需要考虑的要素主要包括气象要素类与灾害类要素(表 4.4)。

①气象类:主要包括与霜冻灾害有关的主要气象要素及其特征;②灾害类:主要包括霜冻灾害发生时间、强度、范围以及持续时间等特征。

表 4.4　果树霜冻灾害致灾危险性评估指标

指标类	具体指标	指标类	具体指标
气象指标	平均气温及距平 潜在蒸散 极端低温日数 0 cm 地温 逐日最低气温 云量 空气湿度 土壤含水量	灾害指标	霜冻出现频率 霜冻出现强度 霜冻重现期 霜冻起止时间与速度 霜冻持续时间 霜冻出现范围 霜冻类型

构建霜冻灾害致灾因子脆弱性指标体系需要考虑的要素主要包括果木自身的特性、品种、种植状况和受灾情况(表 4.5)。

表 4.5　果树霜冻灾害承灾体脆弱性评估指标

指标类	具体指标
果树特性	关键生育期起始日期 生长季持续日数 树龄 树体体温
品种指标	耐寒作物种植面积
种植状况指标	时空布局 种植面积 年产量
受灾情况	果树受灾面积 直接经济损失 间接损失 受灾人口

霜冻灾害致灾因子适应性与恢复性指标体系构建主要从管理措施、政策、经济、人口等方面考虑(表 4.6 和表 4.7)。

表 4.6　果树霜冻灾害适应性指标

指标类	具体指标
果树指标	耐寒作物品种比例
	田间管理投入金额
管理措施	保灌率
设施建设指标	防霜工程面积以及储备
	物理技术可防治面积
防治指标	化学物质处理面积
	施肥面积

表 4.7　果树霜冻灾害恢复性指标

指标类	具体指标
政策指标	灾后恢复投入金额
	农业补贴
经济指标	人均保险额度
	果农人均纯收入
人口指标	人口受教育比例

霜冻灾害风险评价指标体系是一个动态变化的体系,子系统要素和指标要素需要不断的改进、完善。实际操作的时候,在突出体现区域特色以及不同霜冻灾害类型及其特色的基础上,要注意指标的可量化性和数据的可获取性,揭示主要影响因素,宜简不宜繁。

4.5　霜冻灾害损失评估

霜冻灾害损失是广大农户和生产管理者十分关注的灾情信息。在霜冻灾害出现前,通过估算灾害可能产生的影响,可帮助农户及时采取相应的措施抗灾救灾,减轻霜冻造成的损失。

霜冻灾害损失评估是对受灾作物的面积、灾害等级、受灾作物类型和受灾地域分布信息的综合评估。我国现有灾害损失评估主要以调查统计为主,调查内容主要包括旱灾、涝灾、风雹灾所造成的受灾面积、成灾面积、绝产面积、受灾成数对应的面积、受灾人口、死亡人口、死亡大牲畜数量、倒塌房舍间数、估算的经济损失等。调查主要反映了各地受灾作物种类、受灾面积等信息,缺乏灾害造成的作物产量和经济损失数据,评估结果比较笼统,评估结论以定性为主。而且,评估对象主要集中在粮食作物上,张晓煜等早在 20 世纪 90 年代就采用盆栽法,确定了玉米、小麦遭受不同程度霜冻的最低温度及其低温持续时间指标,建立了霜冻程度与最终产量损失之间的关系(张晓煜 等,2001b)。虽然近年来在经济林果上的灾害损失评估研究逐渐增多,但在霜冻灾害损失评估方面研究还非常薄弱,还不能满足现代农业生产管理的需要。

然而,准确评估霜冻灾害损失是十分困难的,首先,霜冻灾害的发生不仅与天气、地形条件、土壤状况、冰核菌的浓度有关,而且与植物的种类、品种、生育阶段、长势息息相关。果树产量也与生长后期气象条件和果树管理措施相关。如果后期气象条件好,加上果园措施得当,可以弥补霜冻的损失;反之,如果后期措施不当,果树遭受多种气象灾害和病虫害的共同影响,就会使果树的损失放大,最终难以准确估测霜冻灾害造成的损失。其次,霜冻灾害过程非常复杂,灾害发生以后,可连锁发生次生灾害和衍生灾害,果树产量损失加重,很难分离霜冻所造成的损失比例。再次,霜冻灾害是一种后验性灾害,在灾害刚发生时难以看出受灾程度,在灾害的定性和定量评估过程中,难免会因为主观判断失误造成灾损评估结果不够准确。

按照时间顺序,霜冻损失评估可分为霜冻前损失预评估和霜冻后损失评估两种。霜冻前损失预评估一般以植物遭受不同类型霜冻的温度指标,结合短期天气预报数值产品的最低气温预报,以相应的指标和模型判断未来是否出现霜冻、分布区域和受害程度。霜冻前损失预评估结果依赖于短期或短时数值天气预报低温强度、持续时间的准确率,还依赖于低温发生地点预报的准确性,加上不能及时获取果树的空间分布和果树发育期的准确信息,致使霜冻损失预评估难度很大。霜冻前损失预评估因涉及的因素多,因素不确定性大,研究难度很大,有待今后的深入研究。

近年来,随着人工霜冻试验箱的逐渐应用,霜冻发生过程的生理生化指标、霜冻危害的不同程度的环境温度、湿度指标等方面向精细化、定量化方向发展。项目组利用人工霜箱,结合自制的野外移动霜箱,设计不同霜冻天气发生的降温过程,研究了苹果、杏、梨、葡萄等经济林果萌芽、花期、幼果期遭受不同霜冻的温度、湿度变化,明确了过冷却点和霜冻致灾机理,确定了不同程度灾害的霜冻指标,为进一步开展霜冻后果树损失评估奠定了基础。

霜冻后损失评估确定性因素增加了很多,使损失定量评估成为可能。首先,果园为单元的霜冻害程度可以通过调查花朵、花序、幼果冻害率得到。其次,受冻果树坐果率、受冻果树的产量也可以跟踪得到。再次是霜冻发生时的低温强度、持续时间、果树的发育期等都成为已知条件。如果跟踪调查不同受冻率条件下果树产量损失,积累足够多的样本,就有可能定量评估果园霜冻损失。区域级的果树产量损失评估可以根据各个果园的产量损失率和果园面积信息,运用加权求和法就可以方便地计算出区域上果树产量损失量。需要指出的是,对于粮食作物,可以利用植被指数差值法监测霜冻的等级和面积(张晓煜 等,2001a)。然而,对于果树而言,因核果类果树如桃、杏树是先开花后长叶,运用植被指数方法估算果树霜冻面积就很难奏效。

为实现果树霜冻灾害的定量化评估,项目组收集整理了近年来果园果树花序受冻率和产量损失资料,通过数值模拟方法,探索果树霜冻灾害损失评估的基本途径。根据 2012—2014 年田间观察和试验结果,结合宁夏银川河东生态园艺试验中心历史灾情调查结果,模拟了苹果园产量损失率(Y_l)与花序受冻率(R_i)之间的关系,发现二者满足指数函数关系:

$$Y_l = e^{aR_i+b} + c$$

式中:a,b,c 为系数,不同的果树、不同地域系数有所不同。对宁夏银川河东生态园艺试验中心苹果园而言,a 取值 0.0478,b 取值 0.198,c 取值 -1.22。

调查发现,当最低气温为 -2.0 ℃时。苹果遭受轻度霜冻,有利于自然淘汰花芽发育不良的果花,此时霜冻对苹果产量没有任何损失,还有利于帮助疏花疏果。当苹果树花序受冻率在 30％以下时,苹果树产量损失在 5％左右,产量损失很小;当苹果花序受冻率达到 50％,产量损失在 5％～30％;当苹果花序受冻率达到 80％,苹果产量损失率在 60％左右,主要是苹果的腋芽在果花开花后还可以继续开花,可以弥补 20％～30％的产量,但腋芽开花形成的果实品质有所下降;当苹果花序受冻率达到 90％以上时,苹果产量损失迅速上升;当花序受冻率达到 95％左右时,苹果几乎绝产。此时苹果腋芽也被冻死,在霜冻后脱落,产量损失存在跃升现象(图 4.10)。

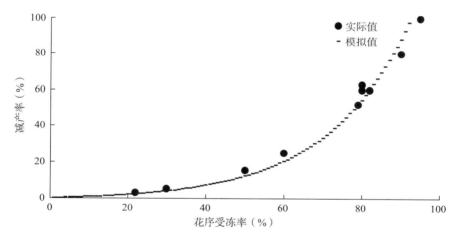

图 4.10　苹果产量损失率和花序受冻率间的关系(银川河东)

第5章
果园霜冻预报与预警

5.1 霜冻发生的天气背景

霜冻一般与春秋季明显冷空气活动相联系。当北方出现大范围强降温和寒潮天气后,易出现霜冻或轻霜冻。

（1）冷空气源地和路径

影响我国的冷空气源地有三处：

第一个是新地岛以西的洋面上,冷空气经巴伦支海、俄罗斯、欧洲进入我国。它出现的次数最多,降温的强度也最强。

第二个是在新地岛以东的洋面上,冷空气大多经喀拉海、泰梅尔半岛、俄罗斯进入我国。它出现的次数虽少,但是气温低,降温也明显。

第三个是在冰岛以南的洋面上,冷空气经原苏联地区、欧洲南部或地中海、黑海、里海进入我国。它出现的次数较多,但温度不是很低,一般降温幅度不大,但若与其他源地的冷空气汇合后也可产生剧烈降温。

以上三个源地的冷空气,是以中央气象台对冬半年影响我国的冷空气过程统计得出。从中可以看出,其中95%的冷空气都要经过西伯利亚中部（70°~90°E、43°~65°N）地区（图5.1）并在那里积聚加强。这个地区就称为冷空气活动关键区,冷空气从关键区入侵我国的路径有四条：

西北路（中路）冷空气从关键区经蒙古到达我国河套附近南下,直达长江中下游及江南地区。循这条路径下来的冷空气,在长江以北地区所产生的天气以偏北大风和降温为主,到江南以后,则因南支锋区波动活跃可能发展伴有雨雪天气。

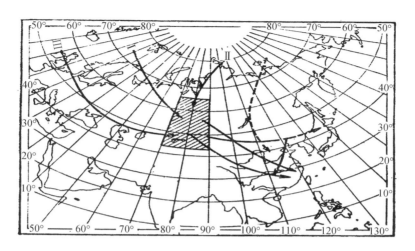

图 5.1　影响中国的冷空气活动关键区及寒潮的路径

东路冷空气从关键区经蒙古到我国华北北部,在冷空气主力继续东移的同时,低空的冷空气折向西南,经渤海侵入华北,再从黄河下游向南可达两湖盆地。沿这条路径下来的冷空气,常使渤海、黄海、黄河下游及长江下游出现东北大风,华北、华东出现回流,气温较低,并伴有阴雨雪天气。

西路冷空气从关键区经我国新疆、青海、西藏高原东南侧南下,对我国西北、西南及江南各地区影响较大,但降温幅度不大,不过当南支锋区波动与北支锋区波动同位相叠加时,亦可造成明显的降温。

东路加西路。东路冷空气从河套下游南下,西路冷空气从青海东南下,两股冷空气常在黄土高原东侧,黄河、长江之间汇合,汇合时造成大范围的雨雪天气,接着两股冷空气合并南下,出现大风和明显降温。

以宁夏为例,从冷空气的源地、影响路径、环流分型、影响系统等天气学角度对霜冻天气学成因进行讨论。根据 11 年秋季(9—10 月)50 次冷空气过程,追踪其源地和路径(从短期预报角度出发,追踪的方法是采用 500 hPa 天气图上影响宁夏冷空气过程的冷槽所在地和它的移动路径,配合 500 hPa 24 小时负变温中心情况来确定的)。据统计,影响宁夏冷空气路径有四条,源地也有四处。即冷空气路径有:

第一条西北偏北:冷空气偏北移到乌拉尔山后,转向东南下,经蒙古西部、我国河西东部然后影响宁夏。

第二条西方路径:冷空气主力经巴尔喀什湖,我国新疆、青海、甘肃,自西向东影响宁夏。

第三条西北路径:冷空气到西伯利亚后,经我国新疆、蒙古西部、我国河西影响宁夏。

第四条北路:冷空气自贝加尔湖先向西南,然后经蒙古从我国河套一带南下侵入宁夏。

冷空气源地也有四处:第一个源地是乌拉尔山附近的冷低压槽,从这个地方东移影响宁夏的冷空气,多取西北路径入侵;第二个源地是 23 区、29 区到巴尔喀什湖西部一带的冷槽,从这个地方东移影响宁夏的冷空气,多数以西北或西北偏北路径入侵宁夏;第三个源地是贝加尔湖及其西北部地区,多以北方路径入侵宁夏,第四个源地是里海,咸海一带,一般从西方路径入侵宁夏,但从这个源地东移入侵的冷空气气温不够低,降温幅度不剧烈,但若在东移过程中与其他路径冷空气汇合可形成强烈降温。

(2)环流形势

宁夏霜冻天气的环流形势分为槽脊东移型、横槽型、纬向型三种。

槽脊东移型:脊线位置多数位于 $60°\sim90°E$,振幅大于 18 个纬距,脊前槽线近似南北向,相伴东移。当槽后冷平流很强时,冷空气入侵宁夏,易造成强降温或寒潮天气;地面上宁夏位于冷高压控制,天气晴朗,风力较小,宁夏易出现平流辐射型霜冻。

横槽型:通常在西西伯利亚到中亚一带有高压脊(阻塞高压),贝加尔湖到咸海有一横槽。横槽底部不断有小股冷空气分股东移南下,当阻塞高压崩溃、横槽转竖时,强冷空气沿脊前西北气流从西北方向大举南下影响宁夏地区,形成较强的降温,地面上宁夏受强冷高压控制,产生霜冻天气。

纬向型:$60°E$ 以东的中高纬以纬向环流为主,气流平直,锋区位于贝加尔湖到巴尔喀什湖一带,锋区呈东西向等温线密集。不断有小波动东移,锋区逐渐南下,最后导致冷空气向南暴发,地面冷高压控制宁夏,降温幅度较强,由此出现的霜冻天气也较强。

(3)影响系统

统计分析表明,造成宁夏霜冻天气的影响系统主要有:高空冷槽(横槽、短波槽),地面冷锋、冷高压等。

5.2　霜冻天气预报

从霜冻的成因可知,预报霜冻的出现及影响程度,关键是预报冷空气活动和最低气温。值得注意的是,前面所讲的最低气温是指百叶箱高度上的气温,而衡量霜冻的温度是地面最低温度,两者之间有一定的差值。实践表明,在可能出现霜冻的季节里,如预报天空无云或少云,静风或微风而且最低气温要降至 5 ℃ 以下时,就可能出现霜冻。例如,甘肃平凉地区根据几年来各地对冬小麦等作物的叶面、草面、气温的对比观测和作物受冻程度的综合分析,确定地面最低气温为 $-0.9\sim1.0$ ℃时出现的霜冻称为轻霜冻,$-2.9\sim-1.0$ ℃时出现的为中等强度霜冻,地面最低气温 $\leqslant-3.0$ ℃时出现的为强霜冻。

5.2.1　霜冻预报方法

(1)地表最低温度与百叶箱气温的关系

预报霜冻首先考虑地表最低温度与百叶箱气温的关系:

$$T_g = aT_m + b$$

式中:T_g 是地表(或叶面)最低温度,T_m 是最低气温,而 a、b 是随各地下垫面性质、近地面层空气湿度和风等项而定的系数,可以通过不同的天气条件下本地历年地表最低温度与最低气温的资料统计得出。实际上,根据预报的最低气温与夜间的天气条件就可以求出夜间到早晨是否有霜冻。

(2)绘制预报相关图

甘肃平凉地区,根据历史上发生霜冻的天气过程分析得出本地区的霜冻都是冷空气侵入、天气转晴夜间地面辐射降温所造成的平流辐射霜冻。在4月中旬到5月中旬晚霜季节里,本地区气象要素凡是满足下列条件之一者,次日凌晨无霜冻:

①夜间中低云量≥7成或有雨,或偏南风>6 m/s;②白天最高气温>25 ℃或700 hPa气温>5 ℃;③14时的地面相对湿度>90%。

将可能出现霜冻的季节里符合无霜冻指标的日子剔除后,把剩下的日子进行分型后作霜冻预报的相关图,将预报的霜冻等级分为四级,即强霜冻、中度霜冻、轻霜冻和无霜冻(图5.2)。

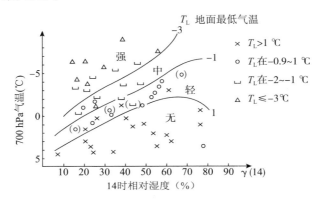

图5.2 平凉气象台14时地面的风向为 W−N−ENE 时所用的霜冻预报相关图

实线右端的数字为地面最低气温(℃)

(3)编制逐段回归预报方程

编制逐段回归预报方程是根据霜冻与各气象要素的相关分析,选出相关最好的一些气象要素,用逐段回归方法分别建立三个预报方程,以预报次日地表最低温度 T_g。例如,平凉气象台所用的方程有三个。

a.不考虑夜间云量预报值时的预报方程:

$$T_{g1} = 0.26(T_M + T_{700}) + 0.06r_{14} - 6.45$$

b.夜间少云条件的预报方程为:

$$T_{g2} = 0.146T_{700} + 0.06r_{14} - 1.13$$

c.夜间为多云条件的预报方程为:

$$T_{g3} = 26.8 - 0.42P_{14} + 0.08r_{14}$$

上述3式中:T_M是白天最高气温,T_{700}是700 hPa的平均气温,T_{g1}、T_{g2}、T_{g3}是不同

天空状况下所求得的次日地表最低温度，r_{14} 是 14 时的地面相对湿度，P_{14} 是 14 时的本站气压，计算时取十、个和小数 1 位。

实际作预报时要优先考虑 T_{g1} 的预报值，然后根据天气形势及各要素分析夜间云量变化的可能性，参考 T_{g2}、T_{g3} 的计算值，再结合霜冻预报相关图，做出霜冻预报。

各种农作物在较暖的生长季节里，遭受霜冻冻害的温度指标互不相同，而且在不同的季节里也有所不同。不同地区的海拔高度和下垫面性质差异也很大，气象为农业服务的工作里，应根据当地的具体情况确定预报方程的形式和参数以制作霜冻预报。下面我们以宁夏霜冻预报为例，介绍如何根据当地具体情况，制作霜冻预报。

5.2.2　宁夏霜冻预报

（1）霜冻预报指标

造成宁夏霜冻的天气形势一般表现为 500 hPa 河套东部到华北一带为一冷槽，温度槽落后于高度槽，冷平流明显，河套地区处在西北气流中，地面受强冷高压控制。进入宁夏造成强降温的地面冷高压中心强度（海平面气压）月平均值，春季：4 月 1035 hPa、5 月 1025 hPa；秋季；9 月 1035 hPa、10 月 1045 hPa。当进入宁夏的地面冷高压中心强度大于等于此值时，就要考虑霜冻天气。

分析银川、灵武、中卫（引黄灌区）、兴仁、盐池（中部干旱带）、西吉（南部山区）6 个代表站 1981—2004 年春季 4 月 15 日—5 月 31 日日最低气温≤0 ℃的霜冻日 08 时地面气象要素特征，发现霜冻日气象要素有以下特征：

本站气压场：6 个代表站本站气压平均在 808～896 hPa 之间，随着纬度的降低本站气压也逐渐降低，最南部的西吉和最北部的银川两站气压差达到了 85 hPa。

相对湿度：霜冻日相对湿度平均在 38.7％～67.8％，中北部的银川、灵武、中卫和盐池相对湿度均小于 50.5％，盐池相对湿度最小；南部山区的西吉相对湿度最大。

总云量：霜冻日总云量平均为 1～5 成，引黄灌区总云量均小于 3 成；中部干旱带和南部山区总云量均大于3成。引黄灌区70.0%~97.6%的霜冻天气其总云量为零;中部干旱带和南部山区46.5%~51.4%的霜冻天气其总云量为零。

低云量:霜冻日低云量平均为0.24~1.69成,南部山区低云量为1~2成,其他站点均不到1成;宁夏6个代表站81.0%~97.6%的霜冻日,08时低云量为零;引黄灌区和中部干旱带08时低云量88.9%~97.6%为零,南部山区08时低云量81%为零。

风速:霜冻日风速平均为1.4~2.3 m/s,14.3%~39.3%的霜冻天气风速为零;77.0%~96.7%的霜冻天气风速≤3 m/s,92.5%~100%的霜冻天气风速≤5 m/s。

风向:霜冻日19.0%~39.3%风向为北风,除中卫北风比南风多以外,其他5个预报站点均是南风比北风多;14.3%~39.3%风向为静风。

分析表明,宁夏霜冻日08时具有高压、低湿、少云或晴天、风小或静风、南风较多的特点;且南部山区的相对湿度、总云量及低云量均大于中部干旱带和引黄灌区。

前一日气象要素特征:分析1981—2004年宁夏6个代表站霜冻日与前一日气象要素关系表明:宁夏霜冻发生与前一天14时的本站气压、气温、相对湿度、风速、风向及前一天的日最低气温有一定的相关关系。

本站气压:霜冻日前一日14时本站气压平均值为809.0~894.7 hPa,最小气压值均大于796.6 hPa,且随纬度的增大而增大(表5.1)。

表5.1　霜冻前一日14时本站气压

单位:hPa

本站气压	银川	灵武	中卫	兴仁	盐池	西吉
平均值	894.7	893.3	882.6	831.5	866.9	809.0
最大值	902.7	901.2	891.3	842.2	875.7	819.2
最小值	886.2	884.6	861.4	815.4	850.0	796.6

气温:霜冻日前一日14时气温平均值为10.8~13.6 ℃,最大值不超过24.7 ℃,基本上随纬度的增大而增大(表5.2)。

表 5.2　霜冻前一日 14 时气温　　　　　　　　　　　　　　　　　单位:℃

本站气温	银川	灵武	中卫	兴仁	盐池	西吉
平均值	11.4	13.6	11.8	11.3	12.1	10.8
最大值	23.2	24.0	24.7	23.0	22.0	20.4
最小值	3.8	3.3	3.6	−0.3	0.9	−5.0

相对湿度:霜冻日前一日 14 时相对湿度平均值为 19.5%～36.3%,最大值不超过 94%,基本上随纬度的增大而减小(表 5.3)。

表 5.3　霜冻前一日 14 时相对湿度　　　　　　　　　　　　　　　单位:%

相对湿度	银川	灵武	中卫	兴仁	盐池	西吉
平均值	26.3	19.5	26.5	29.8	20.3	36.3
最大值	63.0	58.0	91.0	94.0	86.0	93.0
最小值	6.0	4.0	4.0	3.0	4.0	7.0

风速:霜冻日前一日 14 时风速平均值为 4.3～6.2 m/s,最大值不超过 15.0 m/s(表 5.4)。

表 5.4　霜冻前一日 14 时风速　　　　　　　　　　　　　　　　　单位:m/s

风速	银川	灵武	中卫	兴仁	盐池	西吉
平均值	4.7	4.6	4.7	6.2	5.6	4.3
最大值	12.0	12.0	11.0	15.0	13.0	11.0
最小值	0.0	1.0	1.0	0.0	1.0	0.0

风向:霜冻日前一日 14 时风向,以北风居多,分别占南北风向的 51.9%～89.3%(表 5.5)。

表 5.5　霜冻前一日 14 时北风占总风向比例　　　　　　　　　　　单位:%

	银川	灵武	中卫	兴仁	盐池	西吉
北风所占比例	51.9%	70.0%	89.3%	76.6%	86.05%	68.6%

最低气温:霜冻日前一日最低气温平均值为 0~3.2 ℃,最大值不超过 11.4 ℃ (表 5.6)。

表 5.6　霜冻前一日 14 时最低气温　　　　　　　　　　单位:℃

最低气温	银川	灵武	中卫	兴仁	盐池	西吉
平均值	3.2	1.9	1.9	0.9	2.4	0.0
最大值	9.4	8.0	7.5	11.4	9.9	11.2
最小值	−5.0	−8.3	−8.7	−9.0	−8.5	−9.2

以上分析表明,当前一日 14 时本站气压越大、相对湿度越小、风速越大且本站吹北风、气温与日最低气温越低,越有利于次日出现霜冻。

(2)霜冻预报

预报量和预报因子的选择:

霜冻是由地面或近地面降温而形成的,而引起这种降温的原因主要是高空强冷平流和地面的辐射降温;预报霜冻是否出现及影响强度,关键是预报冷空气活动的强度,关注最低气温。根据热力学第一定律,某地气温的变化可用热流量方程表示。

$$\frac{\partial T}{\partial t} = -V \cdot \nabla T - w(\gamma_d - \gamma) + \frac{\gamma_d}{\rho g}\left(\frac{\partial P}{\partial t} + V \cdot \nabla P\right) + \frac{1}{C_p}\frac{dQ}{dt}$$

由上式可知,某地气温的局地变化是由空气的水平运动产生的温度平流、垂直运动导致的绝热效应和非绝热作用所引起的,方程右端第三项很小可忽略不计。①当气温分布不均匀时,空气中的冷平流($V \cdot \nabla T > 0$)使局地气温下降,空气中的暖平流($V \cdot \nabla T < 0$)使局地气温上升。霜冻前宁夏处于高压脊前的西北气流中,高空风速和水平温度梯度较大,使宁夏局地气温下降较快;②垂直运动($(\gamma_d - \gamma)w$)对局地气温的影响,在稳定大气层结中,上升运动使局地气温下降,下沉运动使局地气温上升;在不稳定大气层结中,上升运动使局地气温上升,下沉运动使局地气温下降;宁夏春秋季最低气温一般出现在早晨 07—08 时(北京时),当锋面过境后冷高压控制河套地区,地面风速一般为弱风或静风,垂直速度(w)趋于零,因而可忽略垂直运动项。③非绝热变化引起的气温变化,决定于地面有效辐射、湍流交

换、凝结等过程。由于宁夏海拔高（1000～2500 m），纬度偏北（35°15′～39°25′N），云量对气温影响很大，因此地面有效辐射显得相当重要，而湍流交换、凝结过程处于次要地位。当清晨晴朗无云，地面有效辐射较强，气温下降较快，易产生霜冻，反之，多云天或阴天地面有效辐射弱，气温下降缓慢，不容易产生霜冻。地面非绝热变化主要是用低层的湿度来描述低云和低层水汽状况，如果宁夏受高压脊控制，温度露点差较大，说明低层非常干燥，天气晴好，地面有效辐射强，容易形成霜冻。

霜冻的预报实际上就是日最低气温的预报，根据以上分析及天气预报工作经验，选取日最低气温作为预报量，选取以下具有明显物理意义的因子作为预报因子。①气压和温度因子：预报测站前一天 14 时的本站气压、14 时的气温、日最低气温；②湿度因子：预报测站前一天的 14 时相对湿度；③风的因子：预报测站前一天的 14 时风向、风速。分别计算这些因子与霜冻日的最低气温的相关系数，选择相关系数较大的因子，运用多元回归方法建立三个地区 6 个代表站的春季晚霜冻的预报方程。

霜冻与气象因子的相关分析：霜冻是多种气象因素共同作用的结果，有高空影响因子、地面影响因子。强冷空气的入侵对第二天最低气温有直接影响。选取霜冻发生前一天 14 时的本站气压、气温、相对湿度、风速、风向及前一日的日最低气温，分别与霜冻日的最低气温计算相关系数。

最低气温与前一日 14 时本站气压呈均负相关，冷空气越强，气压值越低，出现霜冻的可能性越大。其中，银川、灵武、西吉站负相关系数达到了显著水平，兴仁达到了极显著水平（表 5.7）。

表 5.7　霜冻日最低气温与前一日 14 时本站气压相关分析

14 时本站气压	银川	灵武	中卫	兴仁	盐池	西吉
样本数	27	40	28	107	43	153
R	-0.392	-0.278	-0.268	-0.275	-0.244	-0.207
显著性检验	$>R_{0.05}$	$>R_{0.1}$	$<R_{0.1}$	$>R_{0.02}$	$<R_{0.1}$	$>R_{0.05}$

最低气温与前一日 14 时气温呈正相关，前一天冷空气过境，气温下降，冷空气越强，气温下降越明显，第二天越容易出现霜冻。中卫相关系数达到了显著水平，

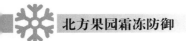

其余各站相关系数达到了极显著水平(表5.8)。

表5.8　霜冻日最低气温与前一日14时气温相关分析

14时气温	银川	灵武	中卫	兴仁	盐池	西吉
样本数	27	40	28	107	43	153
R	0.545	0.539	0.435	0.362	0.454	0.386
显著性检验	$>R_{0.02}$	$>R_{0.02}$	$>R_{0.05}$	$>R_{0.02}$	$>R_{0.02}$	$>R_{0.02}$

最低气温与前一日最低气温呈正相关,前一天冷空气境,气温下降,气温下降一般有一个连续过程,前一天最低气温越低,第二天越容易出现霜冻。其中灵武、中卫、盐池站呈较小的正相关,没有通过显著性验,银川站正相关系数均达到了显著水平,兴仁、西吉正相关系数达到了极显水平(表5.9)。

表5.9　霜冻日最低气温与前一日最低气温相关分析

日最低气温	银川	灵武	中卫	兴仁	盐池	西吉
样本数	27	40	28	107	43	153
R	0.428	0.138	0.140	0.260	0.242	0.298
显著性检验	$>R_{0.05}$	$<R_{0.1}$	$<R_{0.1}$	$>R_{0.02}$	$<R_{0.1}$	$>R_{0.02}$

最低气温与前一日14时相对湿度相关性较差,均未通过显著性检验(表5.10)。

表5.10　霜冻日最低气温与前一日14时相对湿度相关分析

相对湿度	银川	灵武	中卫	兴仁	盐池	西吉
样本数	27	40	28	107	43	153
R	0.269	-0.163	0.152	0.082	-0.062	0.072
显著性检验	$<R_{0.1}$	$<R_{0.1}$	$<R_{0.1}$	$<R_{0.1}$	$<R_{0.1}$	$<R_{0.1}$

最低气温与前一日14时风速均呈负相关,前一天冷空气过境,必然使地面风速加大,冷空气越强,前一天风速越大,第二天清晨风速变小时,就容易出现霜冻。其中兴仁、盐池相关系数较大,通过了显著性检,其余4个站相关系数较小,未通过

显著性检验(表 5.11)。

表 5.11　霜冻日最低气温与前一日 14 时风速相关分析

14 时风速	银川	灵武	中卫	兴仁	盐池	西吉
样本数	27	40	28	107	43	153
R	-0.207	-0.069	-0.025	-0.275	-0.286	-0.132
显著性检验	$<R_{0.1}$	$<R_{0.1}$	$<R_{0.1}$	$>R_{0.1}$	$>R_{0.1}$	$<R_{0.1}$

最低气温与前一日 14 时风向有些站呈正相关,有站呈负相关,只有兴仁站相关系数通过了显著性检验。前一天冷空气过境,本站以吹北风为主(表 5.12)。

表 5.12　霜冻日最低气温与前一日 14 时风向相关分析

14 时风向	银川	灵武	中卫	兴仁	盐池	西吉
样本数	27	40	28	107	43	153
R	0.261	-0.173	0.200	0.205	-0.013	0.125
显著性检验	$<R_{0.1}$	$<R_{0.1}$	$<R_{0.1}$	$>R_{0.05}$	$<R_{0.1}$	$<R_{0.1}$

以上分析表明,14 时气温与第二天晚霜冻之间的相关关系最好,其次是 14 时本站气压、风速、风向及日最低气温,相对湿度相关性最差。

(3)预报方程

造成霜冻的气象条件很复杂,根据以上分析,用多元回归方法从影响霜冻的气象因子中选取对霜冻有显著影响的气象因子,分站建立宁夏晚霜冻的本站气象要素与霜冻发生时的最低气温的预报方程(表 5.13)。

表 5.13　宁夏代表站最低气温(霜冻)与本站气象要素的回归方程

站名	方　　程	R	F
银川	$Y = 71.583 + 0.075X_1 + 0.228X_2 + 0.078X_3 + 0.026X_4 + 0.033X_5 + 0.206X_6$	0.765	4.698
灵武	$Y = 53.66 + 0.055X_1 + 0.243X_2 + 0.032X_3 + 0.026X_4 + 0.441X_6$	0.595	3.721
中卫	$Y = 67.782 + 0.069X_1 + 0.305X_2 + 0.042X_3 + 0.038X_4 + 0.411X_6$	0.609	2.592
兴仁	$Y = -11.053 + 0.010X_1 + 0.109X_2 + 0.145X_3 - 0.180X_5 + 0.474X_6$	0.517	7.373
盐池	$Y = -76.273 + 0.085X_1 + 0.173X_2 + 0.127X_3 - 0.253X_5$	0.636	6.451
西吉	$Y = -6.675 + 0.005X_1 + 0.131X_2 + 0.161X_3 - 0.136X_5 + 0.154X_6$	0.506	10.112

方程中 Y 为第二天的最低气温,X_1 为前一日 14 时的本站气压,X_2 为前一日 14 时的气温,X_3 为前一日的最低气温,X_4 为前一日 14 时的相对湿度,X_5 为前一日 14 时的风速,X_6 为前一日 14 时的风向,北风为 1,南风 2。

用 F 检验发现,除中卫可信度接近 0.05 外,其他各站可信度达到 0.01。

分别用 6 个方程对 6 个代表站 2005—2007 年春季本站资料进行最低气温试报,银川、灵武、中卫、兴仁、盐池、西吉 6 个站的预报准确率较高,为 55.9%~90.1%,高于本地预报员的预报准确率 53.3%,效果较好。

此外,在天气预报中,霜冻预报与最低气温预报密不可分。因此,也可通过 MOS、PP、卡尔曼滤波、神经元网络、支持向量机等方法,预报日最低气温,达到预报霜冻的目的。

(4)预报着眼点

每年的 4—10 月:

①当 500 hPa 河套东部到华北一带为冷槽,且温度槽落后于高度槽,冷平流明显,宁夏处在西北气流中,地面受强冷高压控制,当进入宁夏的地面冷高压中心强度大于等于多年平均值时,就要考虑预报霜冻天气。

②当有强冷空气影响宁夏或有寒潮天气出现时,预计次日清晨宁夏处于高压、低湿、少云或晴天、风小或静风、南风的情况下,就要考虑预报霜冻天气。

5.2.3　典型天气个例

2004 年 5 月 3 日霜冻天气过程:这是一次西西伯利亚横槽转竖与高原槽叠加形成强锋区,地面有鞍形场形成,过程前期增暖显著,甘肃、宁夏、青海等地寒潮(强降温)或雪灾天气后,引发的平流辐射型强霜冻。

(1)天气实况

2004 年 5 月 1—2 日宁夏出现了自 2003 年 11 月 8 日以来第一场全区性降水天气过程,局部地区降了中雨,泾源站累计雨量达 22.1 mm。伴随降水天气,全区气温明显下降,3 日清晨,全区大部出现了霜冻或轻霜冻。农作物受害面积在 21 万 hm² 左右。受冻面积为 2.7 万 hm² 左右。直接经济损失约 1.08 亿元。

（2）天气形势演变

横槽转竖导致冷空气突然向东南暴发是形成强降温、寒潮、霜冻天气的类型之一,此次天气过程是由西西伯利亚至巴尔喀什湖形成的横槽转竖后与高原槽叠加而造成。

4月28日08时500 hPa高空图上(图5.3a),亚欧范围内为两槽两脊型,西西伯利亚至新疆为一宽阔低压带,并有两个冷低压中心,锋区位于40°N以北,呈东南西北向,咸海至里海有脊发展,东亚为一槽区,河套至东北为暖脊区,但青藏高原上已有西南气流发展。28日20时—29日08时东亚槽减弱,其前部冷低压旋转致使北部锋区快速东移,影响蒙古大部分地方,造成吹风和雨雪天气。中纬度地区仍盛行纬向气流,甘肃中东部及宁夏为弱脊控制,各地气温持续偏高。4月30日在贝加尔湖西北方又有−44 ℃冷舌生成,此时咸海至里海的高压脊发展为阻塞高压,巴尔喀什湖附近的横槽建立,由于阻高脊前的经向环流既强而又稳定,不断引导冷空气在巴尔喀什湖附近的横槽内聚积,汇成一股极寒冷的冷空气,高原西部有西南气流发展。如图5.3b所示,5月1日横槽转竖,快速移至新疆中部,此时高原上沱沱河以西有槽形成,横槽转竖甩下的强冷空气补充到高原槽内,形成SE—NW向的大槽,其前暖湿气流发展明显,锋区进一步加强,冷空气南下,宁夏出现雨雪天气,并伴有大风,气温骤降,5月3日清晨,全区大部分地区出现了霜冻或轻霜冻天气。

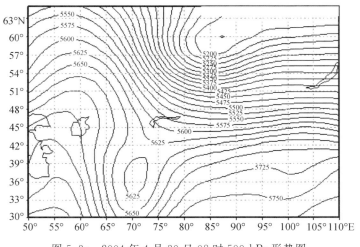

图5.3a　2004年4月30日08时500 hPa形势图

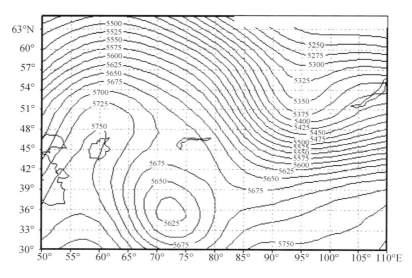

图 5.3b 2004 年 5 月 1 日 08 时 500 hPa 形势图

（3）地面冷锋

地面冷锋是反映寒潮（强降温）天气过程强弱的最直观表现。从冷锋的动态变化（图略）看出有两股冷空气先后影响西北地区。4 月 28 日从西伯利亚东南下的第一股较弱冷锋（主力偏北）为先导，影响内蒙古造成吹风部分地方雨（雪）天气，而后此股冷空气自蒙古东南下滞留在河套以东于 5 月 1 日倒灌影响甘肃东部；30 日从西西伯利亚东南下的第二股冷锋自新疆东部、河西走廊东南下，明显强于第一股冷空气，于 5 月 1—2 日影响青海、甘肃、宁夏、内蒙古等地，1 日 14 时甘肃酒泉等地已有雨夹雪天气出现，其中酒泉气温降至 2 ℃，ΔT_{24} 达 −15 ℃，冷高压中心强度达 1023.9 hPa，此股冷空气和沿河套东部南下的冷空气在甘肃东部交汇，反映在 1 日地面图为鞍形场，位于河套段的冷锋具有锢囚特征，1—2 日，宁夏大部分地区出现春季第一场透雨，最大降水量达中到大雨。2 日 14 时冷锋快速南下至长江流域，降水天气随之结束。伴随着降温，3 日，宁夏大部分地区出现了平流型霜冻。4—5 日，受地面强冷高压控制，天气转晴，受平流降温与辐射降温共同作用，4 日清晨，固原市和吴忠、中卫两市的部分地区出现霜冻，银川、石嘴山两市的部分地区出现轻霜冻；5 日清晨，固原市及吴忠市的部分地区出现霜冻或轻霜冻。

5.3　最低气温的精细化预报

上述分析表明,霜冻的预报与最低气温的预报密切相关。实际发布霜冻时,也通常是以最低气温作为霜冻的预报标准。下面我们以天气预报中最常使用的 MOS 方法为例,介绍本项目基于宁夏现行天气预报业务使用的基于 T639、ECMWF 两种数值模式的最低气温精细化预报方法。

5.3.1　资料及技术方案

（1）资料及其处理

本项目使用国家气象中心下发的 2007—2011 年宁夏霜冻期 4—10 月 T639、ECMWF 数值预报格点场资料、宁夏气象信息中心提供的 22 个测站逐 3 h 最低气温实况资料。其中,2007—2010 年的样本作为训练数据（经过质量控制,剔除了错误数据）,2011 年的样本作为预测检验数据。

T639 模式起报时间为 20:00,分辨率为 $0.5625° \times 0.5625°$,范围为 $0° \sim 72°N$、$27° \sim 153°E$,预报时效为 240 h,其中 120 h 内间隔为 3 h、$120 \sim 168$ h 间隔 6 h、$168 \sim 240$ h 间隔 12 h。T639 数值预报产品包括 34 个基本要素 14 层的格点场资料,通过热力、动力等诊断分析,计算出 112 个扩展物理量,插值到站点上,每个测站最终得到 867 个物理量。由于 T639 资料在 2008 年 5 月 19 日—2009 年 5 月 18 日无资料,因此总样本长度为 769 d。

ECMWF 模式起报时间为 20:00,分辨率为 $2.5° \times 2.5°$,范围为 $5° \sim 65°N$、$70° \sim 150°E$,预报时效为 168 h,时间间隔为 24 h。ECMWF 数值预报产品包括 6 个基本要素 5 层的格点场资料,通过热力、动力等诊断分析,计算出 111 个扩展物理量,插值到站点上,每个测站最终得到 56 个物理量。总样本长度为 1070 d。

实时预报 T639 资料从中国气象局网站 219.239.44.87 通过 FTP 下载,ECMWF 资料通过 CMACast 系统接收中国气象局下发资料。两个模式输出结果以及大量的诊断量使用双线性插值到站点,作为该站点的初选预报因子,通过逐步回归

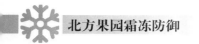

方法筛选出最优的因子组合建立霜冻预报方程。

（2）因子初选

就单站而言,降水、天空云量、日照时数、风向风速、气压、温度梯度、湿度、垂直运动、大气稳定度、大气环流背景等都对温度有较大的影响,且每一次过程引起温度变化的原因都不尽相同,很难用统计的方法来区分各个温度变化过程。

为了尽可能全面、准确地选取因子,首先将数值预报产品格点资料进行深加工处理,利用这些基本要素通过动力诊断得到一些反映天气系统、热量、能量、对流不稳定等的热力、动力因子以及它们的变化量,共有867个扩充因子。然后将这些因子通过双线性插值方法插值到所预报的站点上,建立站点因子库。

另外,建立方程时,不仅选择预报时次的因子作为候选因子,而且选择多个时次因子,由于模式预报结果会有提前或滞后的可能,所以预报某时次时,选择预报时次前后4个时效的数据作为备选因子,还因为数值预报场中00:00气象要素场误差最小,因此也将00:00气象要素作为备选因子。

（3）技术方案

MOS方程建立前,首先确定预报对象和预报时段,针对具体的预报对象进行资料选取和季节划分。根据预报对象和实际情况,4—10月期间,4—5月及10月的霜冻对宁夏农作物有影响,因此将模式预报资料按月划分,建立4月、5月、10月的逐3 h最低气温MOS预报方程。考虑这3个月处于宁夏季节转换期,冷暖空气都比较活跃,为了所建预报方程的稳定性和扩容资料序列长度,因此每个月份的资料分别提前和退后15 d。

5.3.2　MOS方法

MOS方法是建立在多元线性回归的基础上,研究预报量 y 与 p 个因子 x 之间的定量统计关系:

$$\hat{y} = b_0 + b_1 x_1 + b_2 x_2 + \cdots + b_p x_p$$

其中:

$$\begin{bmatrix} y_1 \\ y_2 \\ \cdots \\ y_n \end{bmatrix} = \begin{bmatrix} b_0 \\ b_1 \\ \cdots \\ b_n \end{bmatrix} \times \begin{bmatrix} 1 & x_{11} & x_{12} & \cdots & x_p \\ 1 & x_{21} & x_{22} & \cdots & x_{2p} \\ \cdots & \cdots & \cdots & \cdots & \cdots \\ 1 & x_{n1} & x_{n2} & \cdots & x_{np} \end{bmatrix} + \begin{bmatrix} e_1 \\ e_2 \\ \cdots \\ e_n \end{bmatrix}$$

式中：$[y]$ 为预报对象，$[b]$ 为回归系数，$[x]$ 预报因子，$[e]$ 为误差矩阵。为了检验预报量与预报因子之间是否确有线性关系，这里用 F 检验，在显著水平 α 下，若 $F > F_\alpha$，认为回归关系是显著的；反之，则认为回归关系不显著。使用最小二乘法，对因子逐步剔除和引进（逐步回归）。其中，使用 F 检验时，要求误差分布，即预报量本身的分布是正态的。由于温度变化遵从正态分布，因此使用 MOS 方法预报逐 3 h 最低气温是可行的。

本项目使用逐步回归建立预报模型方法。逐步回归分析的基本思路：根据预报因子方差贡献的大小，每次引入 1 个在所有尚未进入方程的预报因子方差贡献最大且到达一定显著水平的预报因子建立回归方程；同时计算引入新的预报因子后原来方程中的各个预报因子预报变量的方差贡献，将那些由于引进新的预报因子而对预报变量的方差变得不显著的预报因子剔除掉，建立新的回归方程。这样逐步引进方差贡献显著的因子，逐步剔除方差贡献不显著的预报因子，筛选过程一直进行到没有预报因子可以引进方程，也没有预报因子需要从方程中剔除为止。该方法应用双重检验逐步回归方案，计算因子方差贡献和求解回归系数同时进行，由于每步都做检验，因而保证了最后所得方程中的所有因子都是方差贡献显著的。

就入选因子数目来说，当增加进入回归方程中的因子数目时，残差平方和就会下降，复相关系数也增大，但是当因子增加到一定数目残差平方和下降的幅度就很小了，通过计算试验可知，所选入的因子数目在 10～15 个时预报效果最佳。

建立 MOS 方程过程中，随机选取 10% 的样本作为预报试算而获得预报误差，并以此来检验所建预报方程的稳定性和质量的好坏。如试算结果的误差太大，首先需要检查所用资料是否有错，然后调整因子个数及 F 值，以改善方程质量和预报效果。日常预报时，只需将数值预报资料代入建好的方程中，即可获得宁夏 22 个测站 72 h 内的逐 3 h 最低气温。

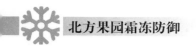

5.3.3 建立霜冻精细化预报模型

宁夏天气预报业务规定,4月15日—10月15日期间,最低气温(T_n)降至3 ℃以下,0 ℃以上为轻霜冻(3 ℃≥T_n>0 ℃);最低气温降至0 ℃及以下为霜冻(T_n≤0 ℃)。由于受全球持续变暖影响,果树开花时间提早,4月初最低气温降到3 ℃或0 ℃以下就已对果树产生影响,因此,综合考虑,将4月1日—5月30日、9月1日—10月30日作为霜冻预报时间区间。利用逐步回归方法建立宁夏22站3 h间隔的最低气温预报方程。

用2007—2010年总样本的90%建立预报方程,剩下10%的样本作为试报样本,2011年作为业务试运行的检验样本。最终预报方程根据试报的准确率大小来确定(图5.4)。

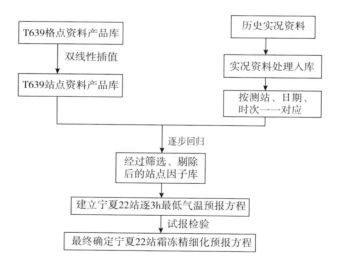

图5.4 宁夏霜冻精细化预报技术流程图

5.3.4 实时业务

通过MS-DOS方式下的批处理命令实现T639资料的自动下载和后台计算、分析、制作预报产品,将批处理程序在计划任务里设置好每天几点运行,所有运算过程无须人工干预,完全实现自动化实时业务流程如图5.5所示。

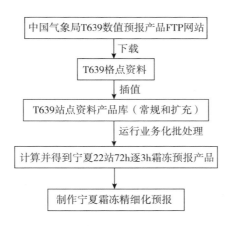

图 5.5　宁夏霜冻预报实时业务流程

（1）T639 资料下载入库

下载过程有两个技术关键点：①能否成功连接并登录到目标 FTP；②能否自动找到最新的产品下载。

批处理命令中的 FTP 地址、用户登录信息、产品文件下载路径需准确无误，命令语法没有错误，这样就可以保证成功登录目标 FTP。MS-DOS 方式下的批处理命令简单方便，并根据程序设置下载最新的文件（为前一天 20 时 T639 资料），并将文件解压并追加到 T639 资料库。所有 T639 资料都是 1 年 1 个文件夹，每个文件夹有 9515 个文件，1 年的资料量约 1.33 TB，包含的要素和层次及时效，在配置文件里有详细说明。

注意：本项目使用 Python 软件进行下载，需要先将此软件在本机上进行安装，并在系统环境变量里进行设置，才能正常工作。另外还需事先设置 T639 资料库存放的路径和盘符，并修改相应下载程序的参数设置。

（2）数值模式资料格点插值到站点

批处理的因子插值程序自动将前一天 20 时格点资料插值到每个站点并同时计算扩充物理量，每个因子的物理意义在参数说明里有详细介绍。插值的路径也需设置。

（3）宁夏精细化霜冻预报产品制作

运行批处理里已经调通的可执行程序，自动运行，生成分级霜冻预报产品。产品以.txt 文档形式存放在指定文件夹。每个文件的题头都对文件内容有详细描述,包括:起报时间、总站数、预报时效、时次、测站地理信息、最低气温、霜冻等。

5.3.5　2014 年宁夏霜冻预报预警服务情况

2014 年 4—5 月,宁夏共出现了 14 次霜冻天气过程,其中 10 次为全区性过程,4 次为区域性过程。如表 5.14 所示,宁夏霜冻精细化预报产品基本提前 7 d 左右做出正确预报,其中 T639 MOS 平均提前 8 d 左右基本能做出预报,准确率达88%、空报率 10%、漏报率 2%;ECMOS 基本平均提前 6 d 做出预报,准确率达84%、空报率 12%、漏报率 4%。在该产品支撑下,宁夏气象台提前 1~3 d 发布了13 次霜冻预警信号,指导固原市气象局发布了 2 次,蓝色预警信号 14 次,橙色预警信号 1 次,空报 1 次,预警准确率为 93%。

表 5.14　2014 年宁夏霜冻预报预警情况汇总表

时间	实况	霜冻精细化产品预报				区 气 象 台 霜冻预警
		T639MOS		ECMOS		
		准确率	提前预报时效	准确率	提前预报时效	
2014-04-05	5 日清晨,全区大部轻霜冻,沿山、固原市大部,吴忠、中卫两市部分地区霜冻	准确率 92%。吴忠市南部低温值略偏低	96 h	准确率 90%。吴忠市局地霜冻漏报	96 h	提前 24 h 发布蓝色预警
2014-04-22	22 日清晨,固原市及银川、石嘴山、吴忠、中卫四市的局地轻霜冻,沿山及六盘山区霜冻	准确率 95%。吴忠市局地霜冻漏报	240 h	准确率 95%。中卫市西部局地轻霜冻空报	144 h	提前 48~24h 发布 2 次蓝色预警
2014-04-25—28	25 日清晨全区大部轻霜冻或霜冻,26—28 日部分地区轻霜冻,沿山和六盘山区霜冻	准确率 95%。盐池、中卫市北部局地轻霜冻空报	240 h	准确率 90%。局地轻霜冻空报	168 h	提前 72~24 h 发布 3 次蓝色、1 次橙色预警

| 时间 | 实况 | 霜冻精细化产品预报 | | | | 区气象台霜冻预警 |
| | | T639MOS | | ECMOS | | |
		准确率	提前预报时效	准确率	提前预报时效	
2014-05-02 —05	全区大部轻霜冻,南部山区霜冻	准确率 90%。中卫市局地轻霜冻漏报、盐池空报	168 h	准确率 85%。固原市局地霜冻空报	168h	提前 72～24 h 发布 3 次蓝色预警
2014-05-10 —12	沿山及部分地区轻霜冻,南部山区局地霜冻	准确率 90%。吴忠市局地轻霜冻空报	240h	准确率 85%石嘴山固原局地轻霜冻空报	168 h	提前 24 h 发布蓝色预警
2014-05-15	沿山及南部山区大部轻霜冻	准确率 95%。同心局地轻霜冻漏报	168 h	准确率 95%。固原市局地轻霜冻空报	168 h	提前 24 h 发布蓝色预警

注:实况中的沿山特指贺兰山沿山

5.4　霜冻农业气象预报

农业气象灾害预报是一种专业性的气象灾害预报,与一般的灾害性天气预报不同,是未来天气气候和作物响应两个方面的结合。霜冻农业气象预报是关于霜冻灾害能否发生、发生时间及其对作物、果树等的危害程度的预报。预报前应先找出不同强度的最低温度与作物遭受危害的关系,然后根据相应的农业霜冻灾害指标,来鉴定未来作物、果树等的可能变化,明确回答霜冻能否发生、发生时间、危害程度、采取什么抗御措施来避免或减轻危害等问题。及时准确的霜冻预报,便于农业部门在霜冻来临前采取有效措施,使作物、果树等减轻或免遭危害(郑维,1980)。

目前农业气象灾害预报中普遍使用的方法是在农业气象灾害指标基础上,应用时间序列分析、多元回归分析、韵律、相似等数理统计方法建立预报模型。由于统计方法存在解释性较差、预报效果不稳定等不足,同时面向生长过程的作物生长动力模型和区域气候模式已经取得长足的进步和发展,近年来发展了基于作物生长模型和区域气候模式的新的农业气象灾害预测预警模型(王春乙 等,2005;刘布春 等,2003;王石立 等,2006)。

然而,相对于其他农业气象灾害,国内外霜冻农业气象预报起步较晚,发展也较慢。20世纪80—90年代,江育杞等(1985)通过分析苹果幼树早霜冻发生情况,采用统计方法,从霜冻害可能出现日期预测、霜冻害降温程度预测、苹果幼树受冻级别预测等三个方面建立了苹果幼树早霜冻预测模型,为果树霜冻预测初步提出了方法;许存平等(1991)在分析青海省高海拔农业区霜冻出现规律,针对青稞和油菜等粮油作物易受霜冻危害的关键时段,依次建立了霜冻有无、出现时段和危害程度等长期预报方程。梁军等(1992)仅针对霜冻危害程度,引入马尔可夫链理论和方法,进行苹果受霜冻级别预测,预报效果虽较好,但不够完整。上述研究基本是完全贴合霜冻农业气象预报概念,从霜冻发生与否、发生时间以及危害程度等方面开展,取得较好的霜冻预报效果,为当地农业防霜冻灾害提供了依据。

随后,研究者们对霜冻农业气象预报研究发展较慢,柴芊等(2010)从苹果霜冻害程度角度,运用气温和苹果物候期观测资料,建立了苹果开花期冻害指数计算模型,进行了开花期霜冻害程度预测,然而由于作物霜冻的发生是一个相对复杂的过程,它与天气条件、气候条件、作物种类、发育状况、冰核细菌分布等多个因子有关,霜冻农业气象预测难度较大,加上易受霜冻危害的果树生长发育过程较为复杂,生长动力模型研究相对滞后,基于作物模型的果树霜冻预测方法没能得到发展,但近年来随着各种新方法新技术的发展,学者们也在不断探索霜冻预报方法,胡永光等(2013)为准确预报江苏镇江地区茶园早春晚霜冻发生状况,经过统计分析历年晚霜冻发生情况,引用基于灰色系统理论的季节灾变灰色预测方法,建立了晚霜冻发生的预测模型——GM(1,1)灰色模型,经检验模型预测精度较优。

霜冻农业气象预报的特点在于它的针对性及与作物、果树等的生长过程、生理特征及受害影响相结合,考虑不同发育阶段对霜冻灾害的敏感程度差异,考虑作物、果树生长发育前后阶段和多种气象要素的综合影响,因此无论是统计预测模型还是其他预测方法都应加强农业霜冻灾害指标的研究。姚鹏等(2011)在研究葡萄晚霜冻时,指出北方春季葡萄萌芽期,气温降到 0 ℃ 以下,最低温度低于 −2 ℃,风速小于 5 m/s,相对湿度小于 70% 的条件下容易发生霜冻。

　　果园晚霜冻,尤其是开花期霜冻对果业影响最大,损失最重。项目组在果树开花期预测的基础上,结合果园最低气温预测和霜冻指标研究成果,尝试果园霜冻预报,取得明显成效。

5.4.1　苹果开花期预测

　　首先采用相关分析筛选苹果花期的相关气候因子。花期相关气候因子主要从苹果花期以前日平均气温的 ≥0 ℃ 积温及天数、≥1 ℃ 活动/有效积温及天数、≥2 ℃ 活动/有效积温及天数、≥3 ℃ 活动/有效积温及天数、≥4 ℃ 活动/有效积温及天数、≥5 ℃ 活动/有效积温及天数中进行筛选。筛选出与苹果花期相关性较高的多项气候因子,据不同果区花期时间以积温因子为主、天数因子为辅来建立不同果区的花期预测模型。

　　陕西苹果精细化花期预测模型分别是:

　　关中果区:$Y = 115.963 + 0.016 JIW_{52} - 0.148 JIW_{53}$;

　　渭北东部果区:$Y = 108.141 - 0.107 JIW_{31}$;

　　渭北西部果区:$Y = 123.057 - 0.117 JIW_{55}$;

　　延安果区:$Y = 121.185 - 0.123 JIW_{54}$。

式中:JIW_{XY} 为不同类型的积温。X 为计算的积温起点,$X = 0,1,2,3,4,5$。Y 为候序,时段从 2 月 1 日算起,统计候 ≥0 ℃ 积温、候 ≥1 ℃ 积温、候 ≥2 ℃ 积温、候 ≥3 ℃ 积温、候 ≥4 ℃ 积温、候 ≥5 ℃ 积温。

　　宁夏则采用开花前旬平均气温累计值与苹果始花期相关普查结果,建立了关系模型。研究结果表明:苹果始花期主要与花前 50 天的旬平均气温累积、旬最高气温累积、旬最低气温累积以及开花前 130 天的旬最低地温累积值关系密切,其中以花前 50 天的旬平均气温累积关系最为密切。

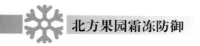

$$Y_1 = -0.568X_{50} + 123.66 \quad (R^2 = 0.86, \ n = 13)$$

式中：Y_1 为苹果始花期，X_{50} 为2月下旬至4月上旬旬平均气温累积值。

误差检验结果表明，误差≤1 d 的样本占 76.9％，误差 2～3 d 占 15.4％，误差大于≥4 d 的为 7.7％，苹果始花期预测效果良好。

5.4.2 果园内最低气温预报模型

①影响果园内最低气温的因子很多，既有当地地理条件、大气候背景等，也有果园小气候的影响。项目组利用果园附近站点气温监测、预报结果与果园气温监测结果对比分析，建立果园最低气温预报方程。通过对比分析银川站与银川河东生态园艺试验中心果园内春季日平均气温及日最低气温后，发现银川站的最低气温和果园内的最低气温均存在明显的线性关系，分别建立了两地春秋季节日最低气温的线性回归方程。

春季：$T_{\min} = 0.9393T_{1\min} - 3.142 \quad (n=79, R^2=0.9353)$

式中：$T_{\min}$ 为银川站日最低气温；$T_{1\min}$ 为果园内日最低气温。

秋季：$T_{2\min} = 1.0689T_{3\min} - 3.5405 \quad (n=76, R^2=0.9714)$

式中：$T_{2\min}$ 为秋季银川站日最低气温；$T_{3\min}$ 为秋季果园内日最低气温。

②项目组利用统计方法，对可能直接或间接影响果园内不同梯度最低气温的前1日果园内相应梯度最高气温、前1日果园内相应梯度最低气温、前1日果园内相应梯度平均气温、当日果园外气象站最高气温、当日果园外气象站最低气温、当日果园外气象站最大风速、前1日果园外日平均空气相对湿度等气象因子等样本数据进行分析研究，采用逐步回归的方法，分晴天、多云和阴天三种天气类型建立了果园内不同梯度苹果开花期最低气温预报模型（表5.15）。

利用2014年4月份陕西旬邑果园小气候观测数据和旬邑小气候试验站同步对比观测数据形成独立样本，对渭北西部苹果开花期最低气温预报模型进行了检验，可以看出多云条件下果园内不同梯度最低气温模拟效果较好，其次为晴天条件下，阴天条件下的误差略大于晴天条件下。

表 5.15　苹果花期果园内不同梯度最低气温预报模型

天气现象	果园内不同梯度	预报模型	判定系数(R^2)
晴天	冠层上	$T_{tmin} = -2.810 + 0.683 T_{omin} + 0.259 T_{etmax}$	0.941
	冠层中	$T_{mmin} = -2.340 + 0.762 T_{omin} + 0.160 T_{emmax}$	0.937
	冠层下	$T_{lmin} = -1.166 + 0.921 T_{omin}$	0.932
多云	冠层上	$T_{tmin} = -1.147 + 0.676 T_{omin} + 0.277 T_{etmax}$	0.959
	冠层中	$T_{mmin} = -0.030 + 0.937 T_{omin}$	0.955
	冠层下	$T_{lmin} = -0.470 + 0.871 T_{omin}$	0.938
阴天	冠层上	$T_{tmin} = -0.886 + 0.893 T_{omin}$	0.919
	冠层中	$T_{mmin} = -0.298 + 0.911 T_{omin}$	0.926
	冠层下	$T_{lmin} = -0.235 + 0.858 T_{omin}$	0.892

注:T_{tmin} 为果园内冠层上最低气温,T_{mmin} 为果园内冠层中最低气温,T_{lmin} 为果园内冠层下最低气温,T_{omin} 为果园外气象站最低气温,T_{etmax} 为果园内前一天冠层上最高气温,T_{emmax} 为果园内前一天冠层中最高气温

5.5　霜冻预警

5.5.1　霜冻天气预警

美国作为受霜冻影响严重的国家之一,其国家气象局综合空气温度和风速两种因素制定了三级霜冻害预警标准,即空气温度接近 0 ℃、风速低于 16 km/h;空气温度低于 0 ℃、风速低于 16 km/h 以及空气温度低于 0 ℃、风速超过 16 km/h 三级,该指标在美国部分州霜冻预报中取得了一定效果。Robert *et al*(2012)引入露点温度,综合空气温度、风速和露点温度,针对美国佐治亚州蓝莓和桃子,运用基于网络的模糊专家系统方法进行了霜冻预报预警,取得了较好的效果。

常规霜冻天气预警是各地政府制订的霜冻预警及防御指南结合天气预报做出的。宁夏气象局根据 2012 年自治区政府颁发的《宁夏回族自治区气象灾害预警信号及防御指南》规定发布霜冻预警,将霜冻预警信号分 3 级,分别以蓝色、黄色、橙色表示(图 5.6),其发布标准为:

霜冻蓝色预警信号发布标准为:24 h 或 48 h 内最低气温将要下降到 3 ℃ 或以下,对农业将产生影响,或者已经降到 3 ℃ 以下,对农业已经产生影响并可能持续。

霜冻黄色预警信号发布标准为:24 h 内最低气温将要下降到 0 ℃或以下,对农业将产生影响,或者已经降到 0 ℃以下,对农业已经产生影响并可能持续。

霜冻橙色预警信号标准为:24 h 内最低气温将要下降到 −3 ℃或以下,对农业将产生严重影响,或者已经降到 −3 ℃以下,对农业已经产生严重影响并将持续。

图 5.6 霜冻预警信号

发布时间:引黄灌区为每年 4 月 5 日—10 月 15 日,中部干旱带和南部山区为每年 4 月 15 日—10 月 15 日。

5.5.2 果园霜冻预警

果园霜冻预警与天气霜冻预警不同,主要是要综合考虑低温强度、持续时间、果树类型、发育期、果树霜冻指标等,结合果园的霜冻监测和预测结果发布预警。

(1)响应指标

响应时间:3 月中旬—4 月下旬(华北、辽宁);4 月上旬—5 月下旬(陕西、甘肃、青海、新疆、吉林、黑龙江)。

响应等级:Ⅲ级响应,Ⅱ级响应和Ⅰ级响应。分别代表轻霜冻、中度霜冻和重度霜冻。响应等级的确定主要依据果园最低气温预测结果,对照果树相应发育期霜冻指标。

响应报告发布:如果霜冻覆盖面积超过辖区面积的 80%以上,提高一个响应等级。如果辖区内出现一个以上点次的高等级响应,就发布高等级预警响应报告。响应报告由各级农业气象服务部门发布。

(2)部门响应

①省(自治区)级农业气象服务单位

(a)在果树霜冻灾害重点多发时段,密切关注省(自治区)气象局发布的各类气候预测产品、天气预报产品、预警信号,关注各类气象监测数据、情报信息,对照灾害指标,确定灾害的发生与等级。

(b)出现灾害时应急人员立即进入应急响应状态,全程跟踪果树霜冻气象灾害的发展变化情况,适时制作预警、预报、灾害分析等各类服务产品,及时向上级政府相关部门、省(自治区)果业生产管理局及市(县)级气象部门发送。

(c)持续跟踪关注灾害天气过程,根据所掌握的灾情实际发生情况,适时实地调查,并制作、发布相关灾后服务产品。

(d)在灾害天气过程结束后,省农业气象服务部门和果业部门适时进行灾情信息对接,总结经验和发现问题,根据实际灾情制定中长期灾后补救措施,必要时制作、发布相关指导性服务产品。

②市(县)气象部门

(a)各相关市(县)气象局根据省(自治区)农业气象服务部门的果树霜冻预警服务产品,结合本地果园情况,地理、小气候特点等实际情况,制作针对本地的精细化预警产品,及时向当地政府及果业生产管理部门发送。

(b)同时根据市(县)果业局和果业信息员提供的灾情资料,做好各类灾害的监测、跟踪及后续服务工作。

③各级果业管理部门

(a)各省(自治区)果业生产管理局接收到省(自治区)级农业气象服务部门发送的果树霜冻灾害预警预报服务产品后,根据全省果区灾害预警级别、风险区大小、分布情况、果区实际情况等,向不同果区下达需要采取的具体防灾减灾措施、任务、时间等。

(b)各市(县)级果业局根据省(自治区)果业局的指示,在适当的时间、区域采取相应防灾减灾措施。

(c)各级果业部门适时收集各类灾情信息、防灾减灾效果等,反馈给当地气象部门及省(自治区)农业气象服务部门。

(3)应对措施

根据果树防霜预案,密切关注天气变化,因地制宜、因霜冻强度和类型制宜地采取果树防霜措施,及时采取防霜机扰动、果园灌溉、树冠喷水、喷施防霜剂、连片熏烟、防霜火墙加热等措施,有效开展花期冻害防御工作。同时狠抓果树春季管理,做好灌水、追肥、保墒以及病虫防治工作,提高树体抗逆性。高度重视保花保果工作,做好果园放蜂和人工授粉,促进开花坐果。

第 6 章
防霜技术方法

霜冻是一种自然灾害,人类目前还不能消除自然灾害,但可以通过一些人工措施防御和减轻霜冻危害,主要的措施有物理防霜、化学防霜、工程防霜、霜后补救等具体的技术措施,还有通过风险管理和系统防霜措施的综合运用,从灾前预防、灾中抗灾、灾后补救三方面采取措施,以减轻和避免霜冻的发生,保障果园果树高产、稳产。

6.1　物理防霜

物理防霜是通过隔绝能量的传导、辐射和对流,减少能量损失,或通过能量交换,从热能高的地方获得热能,以提高局地温度,达到作物免受霜冻危害的一种防霜方法。物理防霜主要包括熏烟、加热、空气扰动、灌溉、喷水、覆盖、包扎等方法。

6.1.1　熏烟法

熏烟法也叫烟雾法,是在果园内燃烧锯末、水稻壳、枯枝落叶、柴草或发烟剂使其放出大量的烟,从而起到防止夜间空气冷却或提高环境温度的作用,减轻或避免霜冻危害。熏烟法防霜的主要原理是,当有大量的烟停滞在果园时,可以阻挡地面向天空的长波辐射,从而减轻辐射降温程度。其次,在燃烧形成烟的同时,还有热量放出,放热量随发烟方法而异。此外,在构成烟的气溶胶中有一些是由容易吸收水分的亲水性物质组成的,空气中的水汽被这些烟粒子吸收后,即变成液体,放出凝结潜热,能够提高烟周围的气温(坪井八十二 等,1985)。还有,烟雾在日出时往往变浓、遮蔽阳光,使地面升温缓慢,有利于受冻植株缓慢恢复,减轻受冻程度。

熏烟法的优点是能够在较短的时间内保护大面积的果园,同时操作相对简便、成本较为低廉,但其缺点是增温幅度较小,由于易被风吹散,对于平流型霜冻的效果较差。根据理论测算及相关试验,一般情况下熏烟法的增温效果很难超过 2 ℃,只能用于防御较轻的霜冻。例如 2004 年 4 月 23 日烟台发生了较严重的霜冻(张学河 等,2006),根据调查莱州店东果园最低气温－3.5 ℃,道上用树枝等生大火熏烟,防霜冻作用显著;而招远蚕庄盛家平地果园,气温－4 ℃持续 2～3 h,红富士果园浇水、熏烟,但效果不明显,幼果受冻率达 90%。但也有一些试验报道称,用自制的果园防霜烟雾弹可使果园温度提高 2～3 ℃(吴承忠,1994)。

用枯枝落叶、柴草、锯末等生烟时,一般在可能出现霜冻的前一天傍晚,在果园的上风方向均匀堆放,密度为 5～8 堆/ hm²,在临近霜冻受害温度时点火熏烟,熏烟开始后若发烟物形成明火,可适当用洒水或者盖土方式控制,使之尽可能形成较多的烟,并保持较长时间。在利用自制烟弹或者商品烟弹防霜时,其方法同前面一样,但烟弹的优势是可根据风向及果园内烟雾的分布随时对生烟的位置进行调整,使烟雾弥漫更均匀。宁夏气象科研所利用自制的果园防霜烟雾弹进行苹果园的防霜时,重约 3.0 kg 的烟弹可持续发烟 30～45 min,烟弹不会对土壤和果树造成污染。每亩布设 4～6 个就可使园内充满烟雾,如果逆温层稳定、静风或者风速很小时,使用的烟弹量还可减少。如果要使发烟时间延长,可相应多布设烟弹。在园内空气湿度较大时,熏烟的效果更好。

在进行熏烟防霜时,确定适宜的点火时间非常关键。实际生产中,利用当地气象台发布的霜冻预警信息来确定霜冻可能出现的具体日期,在可能出现霜冻的前一天晚上,利用自动气象站或者手持式温度计实时观测气温变化,当气温接近果树的受害温度时开始点火,一般要保持到日出时停止或者周围环境温度稳定上升到受害温度阈值以上时停止。在平原地区,要采取联合熏烟方式,即大范围统一指挥、联合行动、一起熏烟。

6.1.2 加热法

加热法也叫燃烧法,指通过燃烧重油、木炭或者木柴等方式,对果园进行加热,防止气温降至果树受害温度以下,起到防御霜冻的作用。加热法可直接在果园道路上利用堆积的柴草、树枝来实现,也可以利用制作的燃烧器(燃烧桶、燃烧池、燃烧火墙等)添加燃料(重油、木柴等)的方式实现。加热法增温的原理一方面是靠近燃烧源的空气由于对流热交换而被加热,加热后的上升气体与周围的空气迅速混合并向四周扩散,扩大增温范围,此外,热源还会由于辐射作用而向四周放出大量热量,使近处的果树直接接受热辐射增温。就整个加热防霜效果来说,其增温的程度基本上取决于热源的强度和湍流交换的强度。加热法的升温效果首先取决于燃烧器和燃料的热效率以及热源的密度,此外,当时的气象条件和燃烧面积的大小也会对升温效果产生较大影响。

采用加热法防霜,果园温度随着离热源距离的增加迅速递减。当有一定风力时,热量的利用效率下降,但热量的扩散速度却较快,果园的温度较均一。同时,如果燃烧面积太小,热效率会迅速降低,原因是燃烧产生上升气流,周围的冷空气会作为补偿气流辐合到燃烧区,影响升温效果,一般认为,加热法实施果园面积应大于 40 hm^2。正常情况下,若布设的热源密度较适宜时,加热法可提高环境温度 1～5 ℃,要想将温度进一步升高,需要更多燃料。

在北方果园中,可收集秋季和春季修剪掉的枝条堆放在果园边,作为防霜时的燃料,也可以在早春准备好其他可燃物如秸秆、麦草等。使用这些燃料时,要提前布置在果园上风方的道路、田埂上,并且要离开果树一定距离。此外,也可利用大的铁桶、铁罐制作燃烧罐,准备树枝条等作为燃料,柴油等作为引燃物。宁夏气象科研所的研究人员利用废弃的铁皮农药桶,将其横着平放,制作了带轮子的可移动式防霜加热器,其上部可翻盖,盖子上有分布均匀的圆孔,加热器的两侧是可开闭的通风门。此移动式加热器以树枝等为主要燃料,用柴油或者汽油作为引燃物,具有移动方便的优点,布设在果园上风方的道路上,在实际应用中可随着风向的变化随时调整燃烧位置,提高了柴草燃烧效率,提高了增温效果。同时在火势较大时可利用带孔的翻盖将火头压住,增加铁皮桶体的热辐射效应,同时可延长燃料燃烧时间。

利用加热法进行果园防霜时,要特别注意热源不能离树体太近,以免将近处的枝条甚至主干烤干、烧焦。

加热法的点火时机的确定方法与熏烟法基本相同。

6.1.3　空气扰动法

空气扰动法也叫吹风法。在辐射型霜冻或者以辐射型霜冻为主平流型霜冻较弱时,近地面一般都会存在一个逆温层,下层气温要低于上层气温。空气扰动法就是用鼓风机或者风扇吹风,也有报道用直升机低空飞行来扰动空气,打破逆温层,使上下层空气混合,将上层暖空气的热量带到下层,提高下层空气温度,达到防御霜冻的目的。

使用空气扰动法时,只要从鼓风机出来的能量是均匀的,则升温效果的大小与当时气层上下的温度差有关,也就是逆温强度有关,逆温强度越大,升温效果越好。目前国外多采用在 10 m 左右高的塔上或者铁柱上安装大型的风扇,在霜冻天气发生时进行空气扰动。国内有用高架大型风扇防御茶园、苹果园霜冻的试验报道。

2013 年天水锻压机床(集团)有限公司自主研发了 FSJ 系列果园高架防霜机,经过不断地试验、改进和示范推广,已经在甘肃天水、陇南、白银等地的苹果园防霜中得以应用,取得了较好的效果,其应用范围在不断扩大。该高架风扇用管塔支撑到距底面 8 m 以上的高度处,利用电动机、柴油机两种方式驱动风叶转动,并可选用不同的功率。在有电网的果园选用电机驱动方式;在没有电网的地区,选用柴油机驱动方式。风机风叶旋转的同时风机绕管塔圆周摆动,由于风叶是向底面倾斜的,所以风机工作时,高空的温度较高的空气与地面低温空气混合,达到防霜的目的。1 台该系列防霜机的最大保护面积可达 1 hm^2。

空气扰动法的升温效果:当逆温很强时,根据风机功率和风扇直径大小,近处的升温效果可达 3～4 ℃,越远升温效果越差,总体上可以在较大面积上起到 1.5 ℃左右的升温效果。以上只是气温上升的效果,但考虑到发生霜冻时作物表面温度比环境气温要低 2 ℃左右,仅仅是把风吹向果树表面,就已经起到了 2 ℃左右的升温效果,因此就理论上来讲,空气扰动法的防霜效果是明显的。

空气扰动法防霜冻的原理是将上层的暖空气与下层的冷空气混合,提高近地面气温,因此,如果近地上层空气的平均气温降到了果树的霜冻阈值之下,则使用这个方法就几乎不再产生效果。此外,如果停止吹风,很快就会恢复到原来的逆温状态,所以应连续吹风,或者断断续续地吹风,中间间隔时间要短。在运用空气扰动法防霜时,需要对逆温层强度和风速进行实时监测。当风速大于4.0 m/s时,0.5~10 m逆温温差小于0.3 ℃时,不宜再应用空气扰动法防霜。因此,当自然风速大于4 m/s时,可暂停防霜机的运转;当10 m处气温≤−2 ℃时,不能用防霜机进行防霜。

6.1.4　灌水法

灌水法防霜冻主要有两种形式,一种是在早春果树开始萌发时提前灌水,抑制果树萌发,延迟果树开花、结果日期,达到避免霜冻危害的目的;另一种是在霜冻来临前灌水,增加果园热容量,减轻降温幅度,达到防霜目的。

灌溉可以调节园区温度,苏联莫斯科农科院蔬菜试验研究表明,白天灌溉区土壤表面温度比未灌溉区低1.6~2.6 ℃,而夜间和早晨比未灌溉区域高0.9~1.3 ℃(康斯坦丁诺夫,1991),宁夏银川河东生态园艺试验中心对比观测结果表明:白天灌溉区1.5 m处气温比未灌溉区低1.0~5.3 ℃,而夜间和早晨气温比未灌溉区域高0.5~1.0 ℃。早春果树萌发时提前灌水能够延迟果树发育的主要原因是:春季果树萌发期气温和地温较高,灌水使得果园土壤白天升温慢,影响了根系活力,从而发育推迟。此外,在北方较干旱的地区提前灌水也有助于减轻干旱威胁和果树抽干危害。但提前灌水延迟果树发育期的做法也会导致果实成熟期延后,推迟上市时间或导致经济效益降低。

霜冻来临前灌水,由于水的热容量大,灌水后可稳定地温并提高了冷空气入侵时的近地面气温,因而有明显的防冻效果;此外,灌水后果园内的空气湿度明显增加,当气温下降时,水汽凝结放出潜热,也会增加环境温度。灌水后近地面气温回升缓慢,有利于受冻细胞的恢复,也提高了防霜效果。霜冻前浇水以当天浇水效果最好,提早的天数越多效果越差。

6.1.5　喷水法

指在霜冻发生前对果树植株喷水,增大热容量,延缓温度下降,水在植株表面凝华结冰还可以释放大量潜热,抑制温度的进一步下降。如果能喷雾形成细小水滴在空中弥漫,则还具有阻挡长波辐射降温的作用,效果更好。

安宁中(2006年)在招远市阜山镇周家庄和百尺堡村的一处易遭霜冻的低洼苹果园内,利用手扶拖拉机做动力,配 $40\sim50$ m^3/h 的吸水泵,用直径 7.6 cm 的锦塑管若干条加装摇臂式塑料喷头做成喷水防霜设备,试验结果表明,在出现了轻霜冻的情况下,连续整晚喷水,使苹果花朵的受害率从 23.6% 降低至 2.2%。在林业苗圃上采用喷灌防霜的试验表明(张永安 等,2011),在苗圃上,喷灌强度选用 $2.5\sim3.0$ mm/h 可有效防止霜冻,其喷灌的强度可根据降温幅度来确定:辐射霜冻在 -3.5 ℃以内,喷灌强度采用 2.5 mm/h;辐射霜冻在 $-6\sim-5$ ℃时以 3.2 mm/h 为宜。

喷水法的目的是要使果树体温大致保持在 0 ℃左右,因此在霜冻天气来临时,一旦开始喷水,就必须不停地喷下去,直到日出时或者受害的危险性已经完全消除后方可停止喷水,否则果树就会迅速冷却,反而加重果树受冻程度。为了提高喷水防霜的效果,应当设法使喷水器的喷头保持适当的间隔,以便使水能够均匀地分布在所要保护的果树上(坪井八十二 等,1985)。

6.1.6　覆盖法

覆盖法是使用草席、草帘等覆盖住果树树体,这样除了能防止覆盖物内的气温下降外,还能阻止覆盖物内作物及地面的辐射冷却,从而达到防御霜冻的目的。覆盖法防霜的优点是防霜效果最好,但其缺点是成本较高,操作复杂、费时,一般多用于经济价值较高的果树或者幼龄果树。根据覆盖材料及覆盖方式的不同,增温效果有较大差异,增温幅度低者一般也能达到 $2\sim3$ ℃,高者可达 $5\sim6$ ℃甚至更高。在覆盖时,如果是直接覆盖在树冠上,则覆盖物附近的温度可能会降得很低,需要特别注意。如果树冠表面和覆盖物之间留一定的间隔,保温效果会好得多。

早春果园地面覆盖稻草等覆盖物,在白天气温高时可减少吸热,减缓升温幅度,达到延缓果树发育,推迟开花期避开霜冻的目的。在霜冻天气来临时,有时地面覆盖物也可减缓降温幅度,减轻霜冻影响。但果园地面覆盖稻草等增加了早春果园火灾风险,因此不建议采用。

也有向地面喷洒地面增温剂来进行防霜冻的,这种方法的原理是土壤白天能够吸收更多太阳辐射和抑制土面蒸发,因而能显著提高白天土温,增加土壤热容量,达到夜晚减缓降温的目的,但这种覆盖法应用在果树防霜上效果不如用在农作物上好。

由于覆盖法操作复杂、费工时,因此需要在霜冻来临前提前进行准备。

6.1.7 其他方法

包扎法:对于较大的果树,越冬前可将树干用稻草等包扎,形成隔热层,同时也减轻了冷空气侵袭。在春季,包扎可防止霜冻过后树干过快升温而造成树干裂皮。

涂白法:在冬春季或者夏季,给树干涂刷保护剂,如涂白、刷浓碱水等。它的作用主要是调节树干或主枝温度,减轻冻伤烂皮。

风障法,在霜冻来临前,在果园上风方设置防风障,阻挡寒风侵袭,使果树避免受低温霜冻的危害。

6.2 化学防霜

化学防霜是指通过施用化学药剂,提高果树防寒抗冻能力,调节果树发育期等,以减轻或规避霜冻造成的危害的一种防霜方法。主要分为三类措施:一是利用药剂复壮树势,提高果树自身的抗寒能力;二是利用化学药剂推迟物候期的避霜方法;三是利用具有杀灭 INA 细菌和破坏冰蛋白成冰活性功能的药剂防除 INA 细菌。

6.2.1 利用药剂复壮树势,提高果树自身的抗寒能力

(1)树干涂抹蒙力 28:用蒙力 28 原液均匀涂抹于树干 80~100 cm 处,成年树

也可在侧枝上涂抹,但不能涂到叶子上。蒙力 28 是以原油腐殖质、黄腐质酸、稀土、氨基酸及锌、锰、硼、铜、铁、钙、镁等中微量元素为基料,复配生物调节剂、渗透剂及进口抗逆营养生长粒子物质螯合而成。通过树皮的皮孔吸收养分,增加了树体养分储备,提高了细胞浓度,促进花芽饱满,增加水分含量,能明显提高树体和花芽的抗冻能力(孙云才 等,2011)。

(2)叶面喷施 M－JFN 防冻剂:强冷空气来临前,对果树喷施 M－JFN 防冻剂,可以有效地缓和果园温度骤降或调节细胞膜透性,能较好地预防霜冻(孙云才 等,2011)。

(3)喷施抑蒸剂:树冠喷施抑蒸剂可使叶片表面形成一层分子膜,既可减少水分的蒸腾散失,又可减少树体的热量散失,保持叶片细胞的正常生理功能。可在冻前对树冠喷抑蒸保温剂"6501"、"长风 3 号"等。

(4)喷施磷酸二氢钾:在倒春寒来临之前,对正在开花的果树喷洒 0.4% 的磷酸二氢钾加 0.2% 硼砂和 1.8% 爱多收溶液,可增强树体的抗冻力,减轻晚霜为害,提高坐果率。

(5)喷施果树花芽防冻剂:师占君等(2007)2006 年利用全国收集到的各种防霜药剂在张家口"龙王帽"杏树上进行喷施实验,调查结果表明,"果树花芽防冻剂"在防御杏树霜害上作用明显,具有良好的防霜应用前景。在花芽开始膨大时、开花前各喷施一次果树花芽防冻剂 250 倍液,可防止 -4～-3 ℃ 的霜冻,提高坐果率,它的防冻原理分述如下:

外保护:喷洒于被保护部位,气温下降时固化成衣,作物像穿上棉衣,气孔受阻,抑制自身热量的散失,当气温升高时软化被茎花芽吸收。

内保护:内含的元素被茎叶花吸收后,降低冰点;促进光合作用,提高细胞原生质的浓度,使黏度加大,细胞的性能稳定,完成受粉过程,提高坐果率,增强抗寒抗霜冻能力。

(6)喷施多效唑:秋梢老熟时喷施 15% 多效唑 80 ppm(即 27 g 兑水 50 kg),可增加果树的叶绿素,增强植株的抗旱抗低温能力。

(7)喷施"天达-2116":"天达-2116"植物细胞膜稳态剂具有抗病虫、抗霜冻、抗旱等功能。喷施"天达-2116"后,可以有效地降低细胞质液的渗出,保持水分,对细胞起到保护作用。即使发生冻害,也能及时修复细胞的膜系统,从而达到预防冻害的目的。采用两涂(蕾期、幼果期用 10 倍液涂干,宽度为 30～50 cm)、三喷(花芽分化、果实膨大和果实着色期三次喷药,浓度为 200 g 药剂兑水 300～400 kg)技术,可有效减轻冻害(汪景彦 等,2013)。

(8)喷施叶面肥 PBO:汪景彦 2001—2005 年连续 5 年对苹果使用 PBO,发现其防霜冻、保稳产作用突出。全年喷施 PBO 共 3 次;第一次在花后 30 d,春梢长达 15 cm时,即 6 月初,喷布 250 倍液;第 2 次于花后 50 d,也喷布 250 倍液;第 3 次在花后 80 d,喷施 250～300 倍液。每次因树制宜,旺树重喷,中庸树轻喷,但保证每亩喷施 180～200 kg 肥液(汪景彦 等,2006)。前一年 7—8 月份或花前 7～10 d 分别喷 250 倍和 150 倍华叶牌 PBO 的果树,可抗－4～－3 ℃的低温,确保花果安全,效果十分明显(汪景彦 等,2013)。

(9)喷碧护:该制剂是从德国进口的植物生长调节剂,也称强壮剂。内含赤霉素、芸苔素内酯、吲哚乙酸、脱落酸、茉莉酮酸等 8 种内源激素,10 余种黄酮类催化平衡成分和近 20 种氨基酸及抗逆诱导剂,它能激活植物体内的甲壳素酶和蛋白酶,增加细胞内不饱和脂肪酸的含量,因此具有防冻功能。具体用法是:在萌芽前后,在冻害来临前,亩用碧护 6～9 g,兑水 100～150 kg,加磷酸二氢钾(0.3%～0.5%),壳寡糖类叶面喷施,可预防霜冻;霜冻后,及时用 6～9 g 碧护兑水 100～150 kg 和壳寡糖以及钾肥补喷,间隔 5～7 d 再喷 1 次,可明显缓解冻害(汪景彦 等,2013)。

(10)喷施广增素 802:用广增素 802 喷施果树,能在冬季增强树体的新陈代谢,调节树体生长,促进生根发芽,提高果实含糖量和着色程度,并能提高果树抗冻能力。

(11)喷施激素类产品:激素在果树抗寒研究上的作用越来越受到重视。外源 ABA(abscisic acid,脱落酸)可提高苹果、柑橘等树种的抗寒能力,而 GA3(赤霉素)则降低了树体的抗寒能力(姜云天 等,2006);刘祖祺研究认为 ABA 处理首先诱导内源 ABA/ GAS(赤霉素)积累,由于 ABA/GAS 启动特异性扳机,最终合成抗寒特异蛋白质,进而提高果树的抗寒能力(刘祖祺 等,1993)。

6.2.2　利用化学药剂推迟物候期

(1)树冠喷抑蒸保温剂:如喷杏树花芽防冻剂 100 倍,可推迟开花。早春喷多效植物防冻剂 60～80 倍,叶面增温剂和磷脂钠 60 倍,200 倍高脂膜等,均可推迟开花期 2～5 d(张秀国 等,2004)。

(2)应用植物生长调节剂:于 9 月中下旬树冠喷 50～100 mg/L 的赤霉素,可推迟杏树落叶 14～20 d,增加树体储藏营养,从而提高花芽的抗冻能力。10 月中旬喷施 100～200 mg／L 的乙烯利溶液,可使杏树开花期推迟 2～5 d,杏、李树萌芽前喷 250～500 mg／L 的萘乙酸或萘乙酸钾盐溶液,可推迟杏树开花期 5～7 d(张秀国 等,2004)。在果树花芽萌动期喷 200～800 ml/L 琥珀酸,可推迟开花期 10～12 d(张化民 等,2013)。李、杏芽膨大期于冠层喷施 500～2000 mg/L 的青鲜素(MH,又名抑芽丹)水溶液,可推迟开花期 4～6 d。

6.2.3　利用具有杀灭 INA 细菌和破坏冰蛋白成冰活性功能的药剂清除 INA 细菌

20 世纪 80 年代中期以后,国内外大量研究证明,在自然界广泛存在着冰核活性细菌(Ice nucleation active bacteria,简称 INA 细菌),是植物发生霜冻的重要因素(Lindow *et al*,1978;1982;Lindow,1983;Surányi,1991)。主要是 INA 细菌冰核活性强,在 -3～-2 ℃ 条件下,诱发植物体内过冷却水在较高温度下结冰而发生霜冻,而无 INA 细菌存在的同类植物,一般可耐 -7～-6 ℃ 的低温不发生霜冻或发生轻微霜冻(Lindow *et al*,1978;刘建华 等,1990),这一发现为研究和防御植物霜冻提供了新方向。研制和筛选出杀灭 INA 细菌和能破坏 INA 细菌冰蛋白活性的高效、无毒内吸性防霜药剂,是防御果树开花期霜冻的重要手段。在 INA 细菌快速繁殖时期使用 INA 细菌灭杀药剂和在开花前使用破坏 INA 细菌冰蛋白活性药剂,可能是减轻或防御杏开花期霜冻危害的一条有效的途径(陈少坤,2008)。

(1)花盛开期喷 100 倍生防菌 31 或 100 倍 RNA506 生防菌,可将杏树忍耐晚霜能力提高 2～3 ℃。喷施防霜灵防霜,杏花露红时喷 150 倍,盛开花期喷 200 倍,喷药 2 次,效果明显(姜云天 等,2006;张秀国 等,2004)。

(2)霜前喷药(如 SOD 益微菌、链霉素或可杀得 3000)杀灭或阻断冰核细菌,能阻止一定低温下细胞内外冰晶的形成(张化民 等,2013)。

(3)Lindow 等人还筛选到 A510 和 A506 拮抗菌,用于梨花霜冻防御。当气温下降到-3 ℃发生辐射型霜冻时,喷施两种拮抗菌的梨树与对照相比,受冻率分别降低 83%和 64%(Lindow *et al*,1978;1982;Lindow,1983)。

(4)孟庆瑞等(2007)筛选出 5 种对 INA 细菌触杀及破坏冰蛋白作用的药剂。将 5 种筛选出来的药剂用于日光温室和田间进行药剂防霜试验研究,结果表明 3 号药剂在两种种植环境中均效果显著。

6.3 工程防霜

工程防霜是通过系统地应用人工(自然)设施,达到防霜目的的一种防霜方法。工程防霜具有覆盖面宽、应急速度快、整体性好等特点。缺点是成本高、灵活性不够。工程防霜在我国应用还处于萌芽期。常见的工程防霜雏形有防护林、烟堆、覆草、覆膜等。但因缺乏针对防霜的工程设计和应用意识,防霜效果较差。防风林在平流霜冻发生初期,因防风林的阻隔作用,有减小果园风速、减缓果园温度下降速率的作用,但随着平流冷空气的持续,因强烈的空气扰动和交换,果园的空气温度与防风林外温度差异逐步缩小,直到基本一致,因此防风林的作用主要是减少果园内风速,对提高(减缓)果园温度作用不大。但防风林建设不当,会造成适得其反的效果,反而加重了霜冻的发生。2012—2014 年在宁夏银川市河东生态园艺试验中心调查表明,因果园防风林基本与等高线平行,造成毛乌素沙地因辐射冷却的冷空气沿坡地下沉,在林带前堆积(图 6.1),防护林前的低洼地每年都受到比其他地方更严重的霜冻危害。虽然覆盖法经过银川市河东生态园艺试验中心 2 年的试验,可以延迟苹果开花 2~5 d,但因成本高,容易带来火灾隐患,果农非常排斥,无法推广应用。覆盖法霜冻防御是在霜冻来临之前,或前天傍晚,通过在作物上覆盖塑料薄膜、柴草、纸袋、泥钵等,减少地面长波辐射,阻隔内外空气热交换,以起到防霜作用的方法。覆盖法要在每天上午温度回升后揭掉覆盖物,以保证作物正常的光合作用,而且在阴雨天或灌溉时,覆盖物损失较多(尤其是纸袋和泥钵)。覆盖法一般在蔬菜、瓜果种植中采用较普遍,防霜效果好,缺点是费时、费工、成本高,适用于劳动密集型、高经济价值的农业产业,很难大面积推广应用。因技术局限性和操作困难,很难用于高大果树的防霜。

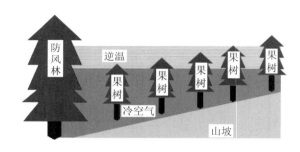

图 6.1　防风林建设不当造成冷空气堆积引发霜冻示意图

　　近年来,随着经济林果快速发展,对工程防霜的需求也越来越旺盛。有鉴于此,项目组提出工程防霜的概念,并综合考虑防霜效果、工程造价和可操作性,提出几种新的工程防霜技术,包括冷空气疏导工程、移动火墙工程、防霜烟堆、防霜机工程、喷水雾工程等,以供各地在灾害防御规划和果树建园设计和防霜实践参考。

6.3.1　冷空气疏导防霜工程

　　应用防风林带顺着坡地高度梯度把冷空气疏导到低洼地的工程。一般由"人"字形林带、冷空气通道和经济林果园组成。防风林带要求密实,一般不少于两行,下部树干处配以低矮灌木,以降低透风系数。冷空气通道要求空旷、畅通、平直,一直延伸到地势最低洼的开阔区域,低洼地最好有水域,冷空气通道宽度一般不小于10 m,以利于空气的顺利流通。经济林果树处于"人"字形林带下方,注意不能延伸到地势最低洼的地方。冷空气疏导工程适合复杂地形,包括山地、坡地、丘陵地带,用于疏导辐射霜冻带来的山风。根据地形,在经济林果带的高处建立"人"字形防风林带,疏导林带要求疏密结合、高低搭配,降低透风系数,将坡地高处来的冷空气合理地引导到谷地和低洼地,达到防霜的目的。冷空气疏导工程具有一劳永逸、防霜效果好的优点,在果园建园、霜害严重果园防霜工程改造中要重点运用,把果园建在坡地上,而不要建在谷地上。在产业规划、防灾减灾规划、霜冻风险管理中要充分考虑建设冷空气疏导防霜工程。

6.3.2　防霜火墙

防霜火墙是采用人工装置燃烧重油、木炭、煤炭、树枝等提高林果园温度的一种防霜工程。防霜火墙分固定火墙和移动火墙两种。防霜火墙具有能充分燃烧可燃物、避免园区火灾、升温幅度大的优点。

固定火墙由采用砖石结构的燃烧道、通风道组成,建设于果园内部道路边。火墙长度一般 5 m 左右,两个为一组,每隔5 m 建设一个固定火墙。火墙呈网格化建设,火墙组间一般间隔30～50 m。燃烧道填充干燥的树枝和可燃柴草,一般就地取材,采用秋剪枝的果树树枝,用手锯锯成整齐的枝条打捆放于燃烧道备用。通风道分上、下、侧面。上面通风道完全敞开;侧面的通风道留在上侧面,每面 3～5 个。一般下面的通风道不宜多,要求间隙小,防止木柴灰大量泄漏影响燃烧效率。在果园相对空旷空间建设不同方向的火墙,充分利用秋季修剪树枝材料,在寒潮来临前启动防霜工程,检验火墙下风方温度分布,当空气温度接近霜冻指标时点燃防霜火墙柴草,定期增加柴草,保证火焰不熄灭。防霜火墙法防霜的优点是就地取材、安全可靠、燃烧充分、升温效果好。据项目组在银川河东农业气象试验基地评估,依据距离火墙远近 3～25 m 处可以提高空气温度 1～6 ℃;当无风时,火墙果树枝条燃烧热量向上传输,能量损失较多,果园内堂升温效果下降。因此要根据果园的实际地理位置、常见霜冻天气类型和霜冻发生等级,充分考虑分布密度,因地制宜地设计、布设固定火墙,以达到最佳升温效果。固定火墙的缺点是在风向不定时作用难以发挥。固定火墙一般适用于风速高于 3 m/s 的中度、重度霜冻天气。

移动火墙采用油罐简单改造加装可移动的轮子而成,由两个直径 0.8 m,长度 1.2 m 油罐焊接而成,风口组成和固定火墙类似。主要用于果园边缘防霜,因成本低、可移动,是对固定火墙防霜的一种有益补充。根据风向变换,将移动火墙置于需要保护果树的上风方,保证果树枝条燃烧热量能充分用于果园空气温度提升。

移动火墙适用于风向变幻无常、中度到重度霜冻天气的果园霜冻防御。

6.3.3　防霜烟堆

国内外都有烟堆防霜的经验,早期的烟堆是由苏联推广的,后来我国河南省农林厅气象总站与河南省开封气象台根据霜冻类型和维持时间,改进了苏联的烟堆做法,采用发烟材料,根据烟堆大小按照一定的间隔布设,烟堆由土坑、发烟材料和木棍组成,先挖好一个土坑,将木棍插在中间,然后将麦秸、树枝、豆萁、落叶、麦糠、树叶、土等按照层次分别围着木棍堆放。霜冻前拔出木棍,引火点燃烟堆,底面直径 50 cm 的烟堆,每亩地做两个烟堆可维持 4～5 h 的发烟。烟堆燃放的天气条件是晴朗、微风(风速小于 3 m/s,最好是无风),大气层结稳定(以烟雾上升到树梢前开始向四周弥漫为度)的夜晚。烟堆燃放时间为气温降到预定温度前 1 小时燃放,以烟雾能笼罩整个果园为宜。

6.3.4　防霜机工程

防霜机是运用空气扰动法,充分混合一定高度近地面层空气,达到提高近地面温度的一种防霜机械。一般由风机、支架和发电机三部分组成。美国、前苏联、澳大利亚、新加坡等国家都有采用防霜机防霜的报道(孙忠富 等,2001;Antonio et al 2006;马树庆 等,2009),通过搅和空气,可以保护正在开花的果树,能防止强度达到 $-8～-6$ ℃的霜冻,可以保护 1～8 hm² 面积的植物(康斯坦丁诺夫,1991)。美国为防止平流霜冻,采用强迫通热风的鼓风装置,美国、苏联还有用直升机防霜的研究和应用。我国也有在茶园采用防霜机防霜的报道。当气温降到霜冻指标前 1 h 启动防霜机,通过环绕方式搅动空气,提高近地面空气温度直到霜冻过程结束。据项目组在宁夏银川市河东生态园艺试验中心应用对比观测,采用天水锻压厂生产的 FSJ 型防霜机在距防霜机 20 m 处比对照点提高温度 0.8 ℃,在距防霜机 30 m 地方提高温度 0.3 ℃。防霜机可以覆盖半径 50 m 左右的果园。因此在防霜机工程建设中,防霜机建设密度以 100 m 网格为宜。防霜机具有覆盖面宽、机动灵活、应急速度快等优点,主要适用于辐射型轻霜冻的防御。在晴朗无风、近地面有逆温层的天气条件下防霜效果最佳。

6.3.5 喷灌防霜工程

喷水工程由水池、水管、喷灌头、支架等四部分组成。喷灌强度取决于气象条件,风速、空气湿度和气温是影响喷灌强度的三个主要气象要素。风速越大、温度越低,喷灌强度越大。在苏联,采用 $1\sim6$ mm/h 喷灌强度,前面喷灌强度大,后面减小,可以保护草莓、葡萄等免受 -4 ℃ 低温(康斯坦丁诺夫,1991)。国内有果园喷灌防霜的实践,果园喷灌防霜类似于草地喷灌系统,但比喷灌设施架设高,一般高于树冠 $2\sim3$ m。当霜冻来前半小时启动喷水雾工程,围绕果园旋转喷水雾,直到霜冻过程结束、气温回升。根据喷射半径布设喷灌头。喷灌防霜具有机动灵活、防霜效果较好的优势,缺点是成本高、在没有水源的丘陵、山地难以实施;在引黄灌区因黄河泥沙淤堵喷灌嘴,需要对水进行澄清处理。另外在喷水过程中容易打落花朵和幼果,影响花朵授粉。喷灌防霜适用于各种类型的霜冻防御,适用于轻度到中度霜冻的防御。

6.4 霜后补救技术

果树要积极做好霜冻前的预防工作,但当遭受霜冻害已不可避免时,要及时采取各种物理、化学和生物方法进行补救,尽可能挽回或减少损失。主要措施有,喷施药剂提高抗逆能力减轻冻害;保花保果,提高坐果率;加强综合管理,复壮树势;适时防治病虫害;控制旺长,稳定树势等几个方面。据本书项目组在天水秦安桃园试验结果,进行喷药或人工授粉最高可提高坐果率 30 个百分点,提高亩产约 600 kg,每亩减少损失 2000 多元,效果明显。

6.4.1 喷施防冻害康复药剂

霜冻灾害发生后,及时喷 $600\sim800$ 倍"天达 2116"或 800 倍"应天 2 号"或 $15000\sim20000$ 倍碧护、或 10000 倍硕丰 481、或 5000 倍爱多收等药剂进行修复,可视冻害情况 5～7 d 后喷第二次,可起到减轻冻害的作用。

2013 年 4 月 6 日霜冻发生后,本书项目组在甘肃省秦安县兴国镇柴家山村,选择相同品种桃园,于当日上午分别喷施碧护、果美丰、灌水,与无任何补救措施桃园进行受冻率对比,喷施碧护、果美丰、灌水受冻率分别为 48%、42%、64%,喷施药剂受冻率较对照(72%)减少 24～30 个百分点,灌水法用于霜后补救作用不是特别明显。

6.4.2 保花保果、提高坐果率

(1)停止疏花疏果

冻害发生后,应立即停止疏花疏果和修剪,以保证仍有一定的产量。

2013 年 4 月 6 日霜冻发生后,项目组在兴国镇柴家山,选择管理水平一致,品种相同,树龄相同的仓方早生桃园,随机选择 5 株树,每株树选择 200 朵花做标记,停止疏花;对照选择 5 株树,每株选择 200 朵进行疏花。2013 年 5 月 10 日调查坐果情况,结果显示:未采取疏花措施的桃树坐果率、单株产量分别为 62%、31 kg,而对照为 43% 和 22 kg。折合亩产减少损失 504 kg,每亩减少经济损失 2016 元。

(2)人工授粉

当早期花在花蕾期受冻而不能恢复时,保证中、晚花坐果是当务之急,要特别注意对中、晚花的人工授粉工作。对于开花期霜冻害发生后花柱和子房没有变黑腐烂,仍有坐果能力的花,也要采取人工授粉的措施。

2013 年 4 月 6 日霜冻发生后,本书项目组在甘肃省秦安县西川镇宋峡村,选择管理水平一致,品种与树龄相同的北京七号桃园,开展人工授粉试验。试验园面积 2 hm², 对照园面积 1 hm²。随机选择 5 株树,每株树选择 100 朵花做标记;对照选择 5 株树,每株选择 100 朵花做标记。2013 年 5 月 3 日调查坐果情况,结果显示:采取人工授粉措施的桃树坐果率、单株产量为 75%、36 kg,而对照为 52% 和 26 kg。折合亩产减少损失 560 kg,每亩减少经济损失 2240 元。

(3)喷施药剂

在开花初期和开花盛期各喷 1 次 2500～3000 倍的硼砂+0.5% 蔗糖,或喷施

"天达 2116"、"应天 2 号"、"碧护"、"硕丰 481"、"爱多收"＋3000 倍的硼砂,均有减轻霜冻灾害和提高坐果率的作用。如雄蕊和柱头冻坏不能授粉,但子房完好,喷洒生长雌激素促进子房膨大结果,可弥补产量损失。冯玉香等(1999)在延边苹果梨树上做过试验,效果很好。

(4)利用腋花芽结果,可弥补部分产量

腋花芽又称侧花芽,是着生于枝条侧方叶腋的花芽或混合芽。如 1977 年宁夏海原县园艺站的红玉、祝光苹果和巴梨,花芽受冻率分别达到 56.8％、49.8％和86.7％,而实际的产量却没有大幅度下降(李玉鼎,1981)。一方面是由于未受冻的花芽坐果率提高了,另一方面就是腋果的增产作用。腋花芽开花较迟,其盛花之时大部分花朵已经谢花,所以仅依靠自然授粉常常会花粉不足,授粉不良,辅以人工授粉可显著提高腋花的坐果率。

6.4.3　加强综合管理、复壮树势

受冻后的树体疏导组织受到破坏,生长衰弱,应加强肥、水的管理。花前、花后多施肥料,追施氮、磷、钾肥和叶面肥,灌水或覆盖保墒,恢复树势。

追施果树专用肥等复合肥料,尤其要做好叶面喷肥(喷 0.3％磷酸二氢钾液或0.3％～0.5％的尿素液),7～10 d 一次,连续喷至 6 月底 7 月初(高文胜 等,2010)。展叶后喷施 0.3％尿素液,后期喷施 0.3％磷酸二氢钾液,增强树体抗性,果实生长期喷施 8000～10000 倍叶面宝,提高叶片光合功能和果实质量(马后良 等,2013)。

6.4.4　适时防治病虫害

霜冻害后,树体衰弱,抵抗力差,容易发生病虫危害。要及早防治早期落叶病、腐烂病、流胶病、溃疡病和炭疽病等病害及红蜘蛛、蚧类和小蠹类等害虫。

具体可喷洒易保、升势、多氧清(多氧霉素)等杀菌药剂防治枝干和叶部病害的流行危害。芽前和花前分别喷施 1°～3°Be 和 0.3°～0.5°Be 石硫合剂。对初发病斑,刮除染病部位,用 1％～3％的硫酸铜或 1 : 1 : 10 波尔多液涂抹伤口。生长

初期至幼果期喷施 50％多菌灵可湿性粉剂 800 倍液或 70％甲基托布津可湿性粉剂 800～1000 倍液,间隔 10 天 1 次,连喷 3～4 次。防治食心虫和炭疽病等,可选用菊酯类杀虫剂加 0.5％波尔多液或 50％甲霜灵可湿性粉剂或 80％代森锰锌可湿性粉剂等(马后良 等,2013)。

6.4.5　控制旺长、稳定树势

霜冻害造成严重减产、坐果少的果园,前期树体生长势变弱、但后期容易旺长,对长势旺的桃园或单株,喷布 1～2 次 PBO 控制旺长,稳定树势。

6.5　霜冻风险管理

当代灾害管理的一个重要的趋向在于从单纯的危机管理转向风险管理。考虑灾害的主要原因、灾害风险的条件和承灾体的脆弱性等与灾害风险及其管理密切相关的关键问题,全面、综合地概括灾害管理过程的各个环节,并且弥补其缺欠或薄弱环节,采取全面的、统一的和整合的减灾行动和管理模式是非常必要和有效的。根据张继权等(2006)的定义,所谓综合自然灾害风险管理是指人们对可能遇到的各种自然灾害风险进行辨识、分析和评价,并在此基础上综合利用法律、行政、经济、技术、工程与教育手段,通过整合的组织和社会协作,通过全过程的灾难管理,提升政府和社会灾难管理和防灾减灾的能力,以有效地预防、响应、减轻各种自然灾难,从而保障公共利益以及人民的生命、财产安全,实现社会的正常运转和可持续发展。国际风险治理理事会(IRGC)认为风险管理的目标是如何利用最小成本的投入,实现最大化的减灾效益(Renn,2005)。对于霜冻灾害而言,风险管理就是制定合适的预防以及减轻霜冻灾害的对策和运行相应的管理机制。

灾害风险管理的过程主要是根据风险管理的目标和宗旨,在科学的风险分析和风险评价的基础上,在面临风险时从可以采取的监测、接受、回避、转移、抵抗、减轻和控制风险等各种行动方案中选择最优方案的过程(金菊良 等,2002)。包括确认、分析、评价、监控风险以及在此基础上进行的风险规避、风险转移、风险降低、风险自留等过程。其主要任务就是以最低的代价获得最大的安全保障这一风险管理的总目标,从各种风险处理方案中优选最佳方案,或将各种风险处理方案有机地结合起来,取长补短。其中,风险评价是以上风险分析过程和风险处理过程之间的过渡环节,在此之前分析的着眼点主要在于风险事件本身,此后便转移到了风险事件对人类社会危害的可能性上。

影响霜冻灾害风险管理的主要因素是霜冻灾害风险的复杂性和决策准则。霜冻灾害风险管理的一般步骤可归纳为:

①从自然因素和人文因素角度,深入了解和辨识霜冻灾害多种风险源及其性质和规律。

②在对霜冻灾害开展孕灾环境敏感性分析、致灾因子危险性分析、承灾体脆弱性分析和霜冻灾害适应性与恢复性分析的基础上,进行霜冻灾害综合风险评估,给出霜冻灾害风险等级,并制作风险图。

③根据本地区的经济发展状况和所估计的风险等级大小,确定风险决策的目标和原则。

④针对某一客观存在的风险,收集一定的资料和信息,从风险规避、风险转移、风险降低、风险自留四个方面,拟定处理霜冻灾害风险的行动方案。

⑤根据决策的目标和原则,对各种行动方案的必要性、可行性、经济性等方面进行比较论证,运用一定的决策方法选择某一最佳行动方案或某几个行动方案的最佳组合。

⑥考虑到霜冻灾害风险具有突发性、随机性和其他不确定性,需要对所选择的行动方案在具体实施过程中出现的问题反馈给决策者,从而使决策者能够及时根据客观情况的变化,对原决策方案进行评价、调整和修改。

总之,针对霜冻灾害等区域自然灾害系统,由于其普遍存在着相互作用、互为因果的灾害链规律,以及灾害系统所具有的结构与功能特征,所以灾害风险管理的工作主要在于完善由纵向、横向和政策协调共同组成的一个"三维矩阵式"(史培军,2005)的区域综合减灾行政管理体系,构建以政府部门为主导、农业部门为主体、农村社区全面参与的区域综合减灾范式(图 6.2)。以此提高区域减灾能力,并在一定安全水平下,建设区域可持续发展模式。

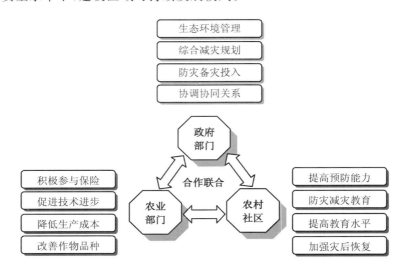

图 6.2　霜冻灾害风险管理框架

6.6　系统防霜与防霜策略

农业系统是在一定的自然条件和社会经济条件下,农业各部门或各种作物的生产要素按各种比例、采用不同方式结合而成的系统。它是农业土地利用方式的总称。农业系统是生产农产品并提供农业服务的有机整体,它包括诸如土地、劳力、资本、管理及各种投入等一系列与自然和人类社会有关的因素,这些因素既相互联系又相互作用,共同影响和决定农业系统的结构与功能,使得农业系统成为自然-社会-经济复合系统,其运行与调控既要遵循自然系统的原理,又要满足社会经济发展的需求。果园生态系统是农业系统的重要组成部分,它的物质、能量、信息的输入、输出受人工干预,因此果园是半自然的生态系统。霜冻是来自果园生态系统外的一种干扰,通过对果树产生伤害,破坏其内部结构从而降低系统的生产效率,严重时造成系统崩溃(唐广 等,1993)。霜冻的发生是果园果树、天气、地理、土壤环境和人工措施综合作用的结果。因此要阻止这种干扰,保护果树免受伤害,提高防霜的实际效果,需要从系统防霜的理念出发制定防霜的措施,从灾前预防、灾中抗灾、灾后补救等各个环节采取措施防御霜冻。

6.6.1　防霜技术途径

果园常见的防霜技术途径主要有：

（1）合理布局，将果园建设在果树气候适宜区，建设在背风向阳、坡地逆温层区和大型水体周围等。

（2）改善果园生态环境，包括营造防风林、改良土壤条件、果园间作、除冰核细菌等。

（3）提高果树的抗冻能力，主要是通过品种选育、砧木嫁接、合理剪枝等。

（4）调节果园小气候。防霜冻主要通过灌溉、熏烟、覆盖、树干涂白、喷灌、空气扰动、人工加热等方法。

（5）霜冻后的补救措施主要通过灌溉、修剪、喷施营养液、植物生长调节剂、水肥管理等措施。

6.6.2　防霜原则

通过多年实践，国内外总结出的防霜措施很多，但我国的果树防霜效果依然不够理想。主要原因有四：一是防霜措施比较粗放，没有形成一个规范和标准，在具体实施时，因人而异，操作失当，极大影响了各项技术的防霜效果。二是缺乏技术之间的配套，因霜冻类型各异，霜冻等级差异，没有哪两次霜冻过程完全一样，这就要求我们必须根据天气特点，充分利用霜冻预警信息，在霜冻前制定以果园为单元的个性化防霜方案，定制防霜时机、适用技术、方法组合，发挥综合技术优势。把握霜冻防御时机非常重要，早了浪费人力物力，迟了果树已受冻，起不到防霜效果。三是缺乏必要的防霜工程保障，在霜冻来临前临时准备，经常因防霜材料准备不足、仓促作业，造成"小灾大害"，霜冻被人为放大。四是霜冻联防意识薄弱，有人认为霜冻发生捉摸不定，无规律可循，无法防御；有人认为防霜成本太高，没有什么技术可以防御霜冻，只好听天由命。

事实上，霜冻有其自身的规律和特点，霜冻发生是局地（区域）气温骤降造成的,霜冻一般连片发生,影响面较广,影响因素复杂,因此霜冻的防御也是个系统工程,需要组织连片防御,才能发挥防霜技术优势,显现应有的防霜效果。一家一户松散、无序的防霜效果往往很差,很难扭转局地(区域)温度低的事实,造成霜冻防与不防效果差不多的错觉,影响了果园防霜技术的推广应用。

基于以上认识,我们在果园防霜中,需要针对具体的霜冻过程采取相应的防霜策略,需要从致灾因子、孕灾环境、承灾体等各个环节寻求技术方法。综合对霜冻过程的认识,借鉴国内外霜冻防御方面的先进理念,结合中国北方自然地理条件、社会经济和果树生产现状,提出中国北方果园霜冻防御的基本原则:

①效益最大原则:实现社会、经济、生态综合效益最大化的目标;在霜冻防御时,如果霜冻很严重并且持续时间过长,防霜成本很高,经过效益评估,有时可以放弃防霜;反之亦然。另外,果树防霜注意不要污染果树、土壤和空气,在注重经济效益的同时,要兼顾社会和生态效益。

②系统原则:从农业系统各个环节入手,充分发挥信息、工程、农艺、制度、政策、利益相关方的作用,综合利用各类社会资源和技术手段,多管齐下,才能取得好的防霜效果。

③过程原则:从灾前预防、灾中抗灾救灾、灾后恢复的霜冻发生全过程采取措施。灾前充分利用信息技术识别霜冻发生的可能性及影响,制定预案,确定防灾的技术措施,并积极筹备和调运防霜物资;灾中充分利用霜冻预警信息,掌握霜冻的分布、强度和可能的损失评估信息,修改完善救灾预案,确定以果园为单元的灾中抗灾技术方案,调集各类组织力量;灾后积极采取补救技术措施,减少霜冻损失。

④霜冻风险阈值原则:霜冻是一种自然现象,人为消除霜冻成本和代价极高,完全消灭它不可能也不现实,因此,各地在防霜时,要根据防霜对象的经济价值、防霜成本、霜冻的发生频次、类型等级等,通过风险管理将霜冻的风险和损失控制在一定阈值之内就能实现防霜目标。事实上,果树经受适当的霜冻害,还有助于自然疏花疏果,可以减少人工劳动量,提高果园效益。

6.6.3　系统防霜

根据以上原则,基于对霜冻过程的认识,综合霜冻监测、预测、风险评价结果和霜冻预警信息,在霜冻防灾、抗灾、救灾组织和技术措施的基础上,进一步构建了中国北方系统防霜的一般模式,包括灾前、灾中、灾后的霜冻成因分析、风险分析、防灾预案、霜冻预警、风险管理、灾后补救等环节(图6.3)。

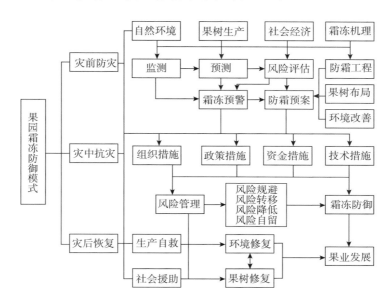

图6.3 中国北方果园系统防霜的一般模式

系统防霜模式从运用灾害风险管理理论入手,从"危机管理"过渡到今后的"风险管理",变被动防御为主动应变,将有助于减轻和有效预防霜冻灾害。

在防灾过程上,全面考虑霜冻灾前防灾、灾中抗灾和灾后恢复的全过程防灾。霜冻是一个不可逆的过程,因此霜冻减灾要以防为主,防抗结合。

在组织结构上,社会各个部门要通力协作,尤其要在政府的组织领导下,涉农部门、生产单位、霜冻监测预警服务单位需要通力合作,充分发挥各自技术优势、资金、设备、设施和组织保障优势,资源共享,优势互补,扬长避短,提高防霜成效。

在技术措施上,要综合运用灾害的监测、预测、评估和预警技术,结合农艺、工程、政策、管理防霜措施,开展霜冻抗灾越来越强调系统性(梅旭荣,2000)。灾前分析当地自然环境、社会经济状况和农业生产情况,充分了解霜冻的特点和发生规律,通过降低农业系统的脆弱性降低霜冻的风险,例如通过果树合理布局降低农业系统的脆弱性。根据霜冻事件发生频率,及时扩大防冻能力强、长开花期品种的种植比重。充分运用临近霜冻预警信息,根据霜冻的强度、分布和可能影响及时调整防灾预案,主要运用防霜技术措施抵御霜冻。在灾中要综合运用政策措施和组织措施,按照防灾预案的要求,协调各个生产部门和管理部门协作,动用社会力量,尤其是利益相关方力量,变生产单位防霜救灾行为为社会抗霜救灾行为,合理分配救灾物资和资金,借助农艺和工程防霜措施提高抗寒成效,充分运用各类灾后补救措施开展救灾工作。在灾后组织灾区农业环境修复,及时修剪受冻果枝,及时补灌、喷施生长调节剂和叶面钾肥,增强果树抗逆能力,尽快恢复果树生长。另外,通过增加农业投入,保障恢复正常农业生产。通过灾前预防、灾中抗灾、灾后补救,最大限度降低霜冻风险,降低农业损失,实现霜冻风险的顺利转移,保障农业生产的可持续健康发展。

第 7 章
果园防霜工程

7.1　防霜工程的设计

　　防霜工程主要包括冷空气疏导工程、防霜机工程、防霜火墙工程、烟堆工程、喷灌防霜工程等，不同的防霜工程适用的霜冻类型不同、地理条件不同、防霜效果不同、成本不同。因此，各地在防霜工程的设计时要因地制宜，遵循一定设计规范，充分发挥防霜工程的技术特点。防霜工程设计前需要开展一些基础调研工作，有利于防霜工程的建设有章可循，有的放矢、切实解决实际防霜问题。

　　首先要进行天气气候分析，了解当地的地形、地势、土壤，分析霜冻期冷空气活动的特点；摸清楚霜冻发生频率、强度和持续时间，早晚风向、风速、气温、地温特点等；明确当地的小气候特点，如山地、坡地、水域等小气候特点。其次要摸清楚果园果树的种类、品种、分布、发育期等，明确各类果树的霜冻指标。再次要熟悉各类防霜工程的技术特点、防霜效果、适用范围、影响范围、防霜成本等，在此基础上根据果园大小、方位、当地霜冻主要类型、霜冻强度确定防霜工程类型、数量、分布，完成防霜工程的设计。

7.1.1　冷空气疏导工程

　　根据水利工程原理和冷空气总是流向低洼地的特点，在果园一定间隔设计一条冷空气流通通道，将冷空气疏导到没有作物或霜冻影响较小的区域（图 7.1），达到防霜的目的。①首先进行地形勘察，找出冷空气的流向和活动规律，冷空气疏导工程建在坡地上。②冷空气疏导工程主要由冷空气通道、果园、低洼谷地组成。冷空气通道要放置于海拔高度梯度较大的地方,原则上垂直于等高线,和当地冷空气风向一致。冷空气通道一直延伸到低洼谷地,要求通道平直,宽度大于10 m。冷空气通道由防风林和灌木错落组成,要求防风林高度高于果树,灌木和防风林形成合理的互补,减小透风系数。③低洼谷地选择水体、荒地或抗冻性能很好的作物种植地段。

图 7.1　冷空气疏导工程示意图

7.1.2　防霜机工程

在晴朗的夜晚,地面和果树树体(叶片)因长波辐射,不断降温,近地面下层温度低于上层温度,也就是通常说的逆温,逆温层厚度因天气云状况、下垫面植被、土壤和地理条件不同而不同。国外采用直升机或大型风扇扰动混合空气,提高果树冠层下温度,达到防霜的目的,德国、美国、日本、澳大利亚等国家都有采用这种方法防霜的报道。防霜机工程是将大型风机,架设在 10 m 以上的支架上,通过风扇扰动果园上方空气,打破逆温层,让上方热空气和近地冷空气充分混合,以提高近地空气温度。防霜机工程通常由风机、支架、发电机等组成(图 7.2)。因防霜机功率不同,保护果园的面积不同,风机根据不同型号能保护方圆 30～50 m 范围果树,有效保护面积在 3000～8000 m²。防霜机一般架设在平原地区,在山地、坡地效果不佳,主要是山地、坡地逆温是有规律的,有时山坡的某高度正处于逆温层,如果将防霜机架设在此处,增加空气温度的能力就受到限制,甚至会起反作用。

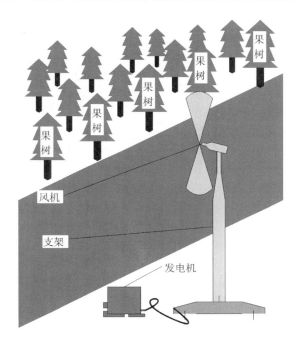

图 7.2　防霜机示意图

7.1.3　防霜火墙工程

防霜火墙的建设是采用砖石结构堆砌的烧火散热装置,放置于果园空地或道路旁。由柴草槽、散热孔、进气孔、砖墙、风扇等组成(图 7.3)。防霜火墙是专为果园设计的。和野外火堆相比,明显提高了柴草燃烧效率、提高了果园安全性能,实践证明是行之有效的防霜工程。防霜火墙可提高果园下风方 5～30 m 内温度 0.5～6 ℃,提高温度的效率主要取决于风速、距离、火焰大小、燃烧材料种类等。防霜火墙工程是提高果园温度最有效的方法之一。在静风时,需要开启风扇将热空气输送到果园深处。

图 7.3 防霜火墙示意图

7.1.4 防霜烟堆

先在地上挖一个 1 m 左右的土坑,深度 30～50 cm,中央插一根 80 cm 长、5 cm 粗的木棍,采用农业上常见的麦秸、树枝、豆萁、麦糠、茅草树叶分层堆积,最上面浇一些水,再覆盖上一层土(图 7.4)。霜冻来临前,拔出木棍,将火伸入洞中点燃烟堆。每个烟堆用料 25 kg,可以维持 4～6 h 烟雾。

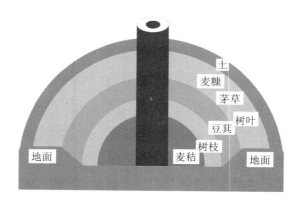

图 7.4 烟堆剖面示意图

7.1.5　喷灌防霜工程

由喷灌头、水管、水池和支架等组成,与常见的草地喷灌系统类似,只是喷灌头架设在树冠上方 1～3 m 处,霜冻来临前开启喷灌设施,利用水的热容大和凝结放热原理提高果园温度。最早在德国应用,现在许多国家都有应用(马树庆 等,2009),喷灌防霜工程技术成熟,容易实施,防霜效果较好,适用于辐射型、平流型和混合型防霜。

7.2　防霜工程布设

防霜工程的布设质量关系到系统防霜的成效,布设防霜工程需要科学计算,根据防霜工程的影响范围、适用霜冻类型、适用地理条件和天气条件等科学分析,因果园果树的种类、抗冻能力而异。

平原地区:适合的防霜工程包括烟堆、防霜机、喷灌系统、防霜火墙。烟堆需要置放于上风方,沿路边依次设置,每 20 m 置放一个;也可以用防霜烟雾弹代替,宁夏气象科研所研制的果园防霜烟雾弹,填充物重量为 2.5 kg 左右,可以持续放烟40～60 min,填充材料环保,对果树和土地没有污染,价格低廉,操作方便。每亩地放置 5～8 个,在微风或风速小于 2 m/s 晴朗夜间每小时燃放一批。防霜机则根据果园面积、形状,以每个防霜机覆盖半径 50 m 的果园计算,防霜机置于果园核心区路边,每 100 m 设置一个。喷灌系统设置于果园中心地带,每 30 m 设置一个。防霜火墙设置于果园中的路边、空旷地带,以每 20～30 m 设置一个为宜,需要鼓风设备,在静风或风力小于 3 m/s 时,使用鼓风设备;在春季防霜前填满干树枝,并将柴草等燃料切割整齐,打捆存放在火墙边,有利于枝条充分燃烧,保障火墙稳定释放热量。火墙在有风的天气条件下使用效果更佳。在风向多变的果园,需要配合机动性能好的移动火墙防霜。

山地丘陵:适合的防霜工程包括烟堆、冷空气疏导工程。烟堆放置于山坡谷地低洼地带,集中放置,每 10 m 设置一个。冷空气疏导工程则以"人"字结构为单元,依据坡度大小设置,坡度大的地方设置相对稀疏,坡地小的地方设置相对稠密。坡地在 15°以下的缓坡,以每 1000 m 设置一个冷空气疏导单元为宜。

低洼地:适合的防霜工程包括果园防护林、防霜火墙、喷灌系统。防霜火墙设置于果园中的路边、空旷地带,不需要鼓风设备,以每 20～30 m 设置一个为宜,在春季防霜前填满干树枝,并将燃料打捆存放在火墙边。喷灌系统每 30～50 m 设置一个,最大喷水强度能达到 10 mm/h,以满足不同天气类型喷灌防霜需要。为了保证喷灌系统有足够水压,就近建设泵站。

7.3 果园防霜的组织

果园防霜是政府、果业管理部门、气象部门和果农通力合作的结果,防霜效果好的区域,组织管理有效,单位分工协作好,技术保障有力,措施切实可行。霜害严重的地域则缺乏防霜预案,防霜组织涣散、缺乏配合,防霜技术短缺、技术脱节和防霜信息缺失。

各级政府主要负责出台政策,投入经费建设防霜工程,设立防霜组织体系,建立防霜指挥部,统一组织协调媒体、果业部门、气象部门、水利部门,合理布局果园,改善果树种植环境。出台防霜预案,并在霜冻预警时组织协调霜冻联防。对霜冻的灾前、灾中、灾后进行风险管理。建立防霜应急小分队,负责果园防霜的宣传、示范、组织协调和监督检查。

果业局主要负责为果农提供必要的防霜技术、防霜技术规程、组织具体霜冻过程联防,组织果农防灾、救灾,负责灾后的灾情调查和损失调查,组织果农进行灾后果树的修复,恢复农业生产。

气象部门主要负责建立果园防霜监测预警防御信息系统,灾前为政府、果业局、果农提供必要的天气预报信息,提供果园气温、风速、湿度监测信息,提供霜冻预警、评估信息,提供霜冻风险区划图、解读和使用方法。具体霜冻日全天提供天气预报、预警信息,提供各个果园温度、风速、风向监测结果,及时发布霜冻预警,以果园为单元提出防霜方案,为政府、果业部门、果农提出有针对性的防霜策略、防霜技术和对策建议。

果农负责果园霜冻防御技术的具体实施,根据政府、果业局、气象局提供的霜冻监测、预报、预警信息,在霜冻前提前准备防霜物资,检查防霜工程,根据霜冻预警信息提前驻守在果园。根据气象部门发布的果园监测信息,结合果业部门的防霜指令,选择在最佳防霜时期配合果业部门和其他果农开展果园霜冻联防。霜冻灾害后负责果树霜冻补救技术的实施,减少霜冻损失。按要求上报果园灾情,结合自身和社会救援生产物资的救助,恢复果园环境,开展生产自救。

其他相关组织机构,如新闻媒体负责霜冻预警信息的传播、防霜技术、方法宣传、防霜经验的报道等;科协负责防霜技术、方法的培训、果树防霜科普知识的普及等;社会组织负责防霜知识、技术的宣传,社会救助,自愿加入防霜队伍,协助防霜应急小分队开展防霜工作的组织、宣传和应急处置。

7.4　果园工程防霜效果评估

防霜效果评估是认识防霜技术性能和适用性,提高防霜效益的必要手段,是正确应用防霜技术的前提。限于资料和田间试验局限,主要对防霜烟雾弹、防霜机、防霜火墙、除冰核细菌技术、灌溉防霜技术和覆盖防霜技术的效果进行评估。

7.4.1　防霜烟雾弹效果评估

选择地形均一,树种、树龄、密度、发育期修剪等基本一致的果园作为评估试验区,评估试验区面积超过 1 hm²。在晴朗无风的夜晚,树梢之上形成逆温,采用烟雾法判断有无逆温。烟雾法通过点燃柴草生烟,当烟雾弥漫至一定高度(树梢)后开始向四周水平蔓延,而不是向上飘逸作为简易判断依据。在试验区一边持续发烟,以烟雾笼罩试验区果园为标准。在试验区的邻近区域设置对照区,对照区面积超过 1 hm²。在试验区和对照区核心区域分别设置 1.5 m 高温度自动记录仪,温度采集间隔为 1 min。评估试验前 30 min 对比观测试验区和对照区的温度差异,以消除果园自身的温度差。点燃烟堆或防霜烟雾弹,记录开始时间和温度、烟雾弥漫整个试验区后时间,维持烟雾弥漫时间长度超过 30 min。分析对照各试验区记录温度差,评估防霜烟雾弹防霜效果。经 2014 年 4—5 月份宁夏银川河东生态园艺试验中心评估,宁夏气象科研所自制的防霜烟雾弹在持续发烟情况下,可以提高果园温度 0.5~1.2 ℃(图 7.5),烟雾弹防霜效果明显,提高果园温度的能力主要取决于烟雾浓度、风速大小、天空云量、大气透明度等。烟雾弹防霜适合晴朗无风、有逆温天气条件下的果树防霜。

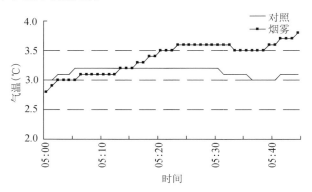

图 7.5　2014 年 4 月 27 日防霜烟弹保温效果评估图

7.4.2　防霜机效果评估

在平原地区,选择树种、树龄、密度、发育期修剪等基本一致的果园作为评估试验区,评估试验区面积超过 4 hm²。在晴朗无风的夜晚,用烟雾法判断有无逆温。在防霜机覆盖范围,以防霜机为中心,沿果树行间一条线,每隔 10 m 布设 1.5 m 高度的自动温度记录仪,温度采集间隔为 1 min,在 30 m 的地方加设 0.5 m 和 3.0 m 高度温度梯度观测;在距离防霜机 80 m 的同一果园布设 1.5 m 高度对照温度自动记录仪。在防霜机开启之前,对比观测 30 min。在果园 1.5 m 处温度下降到 0 ℃以下时开启防霜机,连续对比观测 2~3 h。分析对照和试验区记录温度差,评估防霜机防霜效果。经 2014 年 4 月 22 日在宁夏银川河东生态园艺试验中心防霜机评估,由天水锻压厂生产的防霜机在持续开机情况下,可以提高果园温度 0.5~1.0 ℃(图 7.6),防霜机防霜效果较明显。提高果园温度的能力主要取决于风速大小、天空云量、大气透明度等。防霜机适合晴朗无风、有逆温天气条件下的果树防霜。

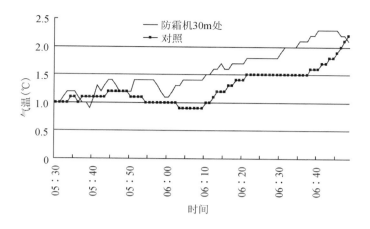

图 7.6　2014 年 4 月 22 日防霜机升温效果评估

7.4.3　防霜火墙效果评估

选择树种、树龄、密度、发育期修剪等基本一致的果园作为评估试验区,评估试验区面积超过 1 hm²,分平原地区和山地丘陵两种地形分别评估,平原区火墙均匀布设,山地丘陵火墙集中布设在相对低洼的地方。在有风的霜冻天气条件下,风速以 3 m/s 左右为宜。判断依据也可以用烟雾法,以柴草燃烧的烟雾平贴地面(与地面夹角小于 30°)飘逸为依据。在试验区果园设置防霜火墙,在火墙下风方 5 m、10 m、15 m、20 m 处设置 1.5 m 高温度自动记录仪,温度采集间隔为 1 min。在邻近区域设置对照区,对照区面积超过 1 hm²。对照区设置 1.5 m 高温度自动记录仪,在防霜火墙点燃前,对比观测试验区和对照区的温度差异,以消除果园自身的温度差。点燃防霜火墙,记录开始时间,保持火墙火势基本均匀,时间长度超过 30 min。分析对照区和试验区温度记录仪温度差,评估防霜火墙防霜效果。经 2014 年 5 月份在宁夏银川河东生态园艺试验中心评估,宁夏气象科研所自制移动防霜火墙在风速 2～3 m/s 霜冻天气条件下,可以提高果园 7.5 m 处温度 1.5～3.5 ℃,依据距离火墙远近 3～25 m 处可以提高空气温度 0.5～6.0 ℃(图 7.7)。火墙防霜效果十分明显,可以抵御较强平流型霜冻。火墙提高果园温度的能力主要取决于风速大小、空气温度、风向等。防霜火墙适合有风天气条件下的果树防霜。

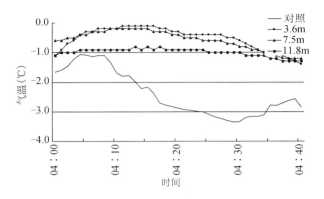

图 7.7　2014 年 5 月 4 日防霜火墙升温效果评估

7.4.4　除冰核细菌防霜效果评估

选择地形均一、树种、树龄、密度、发育期修剪等基本一致的果园作为评估试验区，评估试验区面积超过 3000 m²，另选择相同地段，其他条件都接近的果园作为对照区。在霜冻来临前 2～3 d 晴天条件下，用防霜 1 号（河北农业大学研制）按照 1∶50 比例兑水喷雾，将果树叶面正面、背面均匀喷施，去除果树叶面冰核细菌。霜冻天气过后 3 d，调查试验区和对照区果树花芽、花朵、幼果、叶片冻伤率，评估除冰核细菌防霜效果。经 2014 年 4 月在宁夏银川河东生态园艺试验中心评估，在最低温度−4.2 ℃低温霜冻过程前，喷施防霜 1 号的富士苹果花朵受冻率为 30%，而没有喷施防霜 1 号的对照区花朵受冻率为 80%，证明除冰核细菌方法防霜有效性较好。除冰核细菌防霜方法的效果取决于霜冻强度、果树发育期、叶面喷施均匀度和喷施时机等。一般而言，最好选择在霜冻发生前 2～3 d 喷施效果最佳（杨建民等，2000;2011），防霜剂喷施太迟、太早的防霜效果都有所下降。除冰核细菌防霜方法适合辐射、平流和混合型的霜冻防御，属于主动防御霜冻方法。

7.4.5　灌溉防霜效果评估

选择平原地区，树种、树龄、密度、发育期修剪等基本一致的果园作为评估试验区，评估试验区面积超过 1 hm²。在试验区的邻近区域设置对照区，对照区面积超过 1 hm²。在试验区和对照区核心区域分别设置 1.5 m 高温度自动记录仪，温度采集间隔为 1 min。在灌溉前,对比观测试验区和对照区的温度差异,以消除果园自身的温度差。在灌溉试验区,记录开始时间和灌溉水淹没试验区时间,连续跟踪观测试验核心区和对照区气温,时间长度超过 6 h。分析对照区和试验区记录温度差,评估灌溉明水条件下和水分下渗后土壤湿润状况下升温效果。经 2014 年 4 月 30 日—5 月 1 日在宁夏银川河东生态园艺试验中心评估,灌溉明水条件下可以提高果园温度0.8～1.5 ℃(图 7.8),在土壤湿润状态下,夜间可以提高园区温度0.5～1.0 ℃,但白天比对照气温低 1.0～5.3 ℃。灌溉防霜效果较明显,提高果园温度的能力主要取决于水层深度、灌溉面积、风速大小、空气温度、天空状况等。灌溉防霜适合平流、辐射、混合型霜冻防御,是一种果树主动防霜方法。

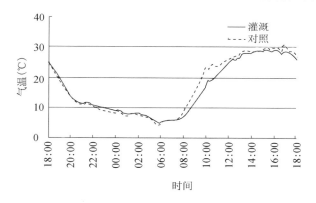

图 7.8　2014 年 4 月 30 日—5 月 1 日灌水升温效果评估

7.4.6　覆盖防霜效果评估

覆盖防霜是通过覆盖调节地温,继而调节作物发育期,延迟果树开花,达到躲避霜冻的目的。选择地形均一,树种、树龄、密度、发育期修剪等基本一致的果园作为评估试验区,评估试验区面积超过 600 m^2,3 月中旬后覆盖上 10 cm 厚的麦秸、稻草等。在试验区的邻近区域设置对照,对照区面积超过 600 m^2。在试验区和对照区核心区域分别观测,分别设置 0 cm、5 cm、10 cm、15 cm、20 cm、地面最高地温、最低地温,每天 08 时、14 时、20 时观测地温。每天记录试验区和对照区果树萌芽、花蕾、花苞、开花、落花和幼果期。分析对照和试验区果树发育期差异,评估覆盖对果树发育期,尤其是对果树开花期的影响。经 2012 年 5 月宁夏银川河东生态园艺试验中心评估,覆盖条件下,苹果树推迟开花 2~3 d,可以降低果园地温 0.5~1.2 ℃。覆盖调节果树发育期的能力有限,加上容易引起火灾,因此,一般不建议推广应用。

第 8 章
防霜成功案例

8.1 银川市河东生态园艺试验中心防霜侧记

8.1.1 银川市河东生态园艺试验中心简介

银川市河东生态园艺试验中心是原国家计委、农业部、宁夏回族自治区人民政府为防止毛乌素沙漠南扩西移、改善这一地区土壤沙化、水土流失等生态问题，促进宁夏地区果树产业发展，于 1986 年批准在原陶乐县南部哨墩子地区建设的国家"七五"规划期间——国家 121 个农副产品生产基地之一，原为自治区农牧厅直属事业单位，现归银川市滨河新区管委会管理。

经过近三十年的开发建设，在一片黄沙连绵的荒地建成生态防护林 187 hm²，经济林 273 hm²，定植各类优质果树 32 万余株，年产 1500 万 kg 优质水果。是目前宁夏果树栽培面积最大，品种最新，地方特色品种规模化生产，果树种质资源保存较多，基础设施基本齐全的园艺场，为保障区域生态安全，促进宁夏果树产业的发展，做出了重要贡献。

银川市河东生态园艺试验中心位于银川市黄河东岸，东接滨河新区工业园经一路，南接明代古长城，西靠黄河，北至滨河新区工业园区纬四路。南北长 7.5 km、东西宽 4 km，总面积 1200 hm²。银川市河东生态园艺试验中心地处黄河东岸的鄂尔多斯侵蚀台地边缘、毛乌素沙漠西缘，地貌为黄河滩地、一、二级阶地和鄂尔多斯台地缓坡丘陵区；水洞沟自南向北流经场区，将"中心"土地分割为东、西两部分;地势自东南向北倾斜,台地距黄河水面 3～10 m,海拔高程 1104～1160 m 之间,坡度 10%;地貌为荒漠草原,地表多覆盖风沙土,多为固定、半固定沙丘和平铺沙地。银川市河东生态园艺试验中心地处西北内陆,具有典型的大陆性气候特征,春暖迟、夏热短、秋凉早、冬寒长。气温日较差大,日照长,光照丰富,无霜期短,干旱少雨,蒸发量大。年均气温 8.1 ℃,极端最高气温 37.7 ℃,极端最低气温 −29.5 ℃。昼夜温差一般在 15 ℃ 以上,年均日照时数 3075 h,≥10 ℃ 的活动积温 3388 ℃·d。初霜日始于 9 月下旬,终霜日止于 5 月中旬,无霜期为 165～180 d。年均降雨为 206 mm,降雨时空分布不均,主要集中在 7 月、8 月、9 月三个月,占全年降雨量的 62%。年均蒸发量为 2088 mm,为平均降雨量的 10 倍以上;年最大冻土层深度 1.2～1.5 m。风向以偏北和西北为主,年平均风速 2.5 m/s,最大风速 22 m/s,年≥17 m/s 的大风日数 30 d 左右,年均沙暴日数 9～10 d,多出现在春季。主要灾害性天气有霜冻、低温冻害、冰雹、大风、沙尘暴等。

8.1.2　银川市河东生态园艺试验中心果园预防霜冻主要措施

因靠近毛乌素沙地,银川市河东生态园艺试验中心果园是宁夏全区遭受霜冻害最严重的果园之一,近年来,河东频繁发生果树霜冻,2004 年 5 月 12 日最低气温 −8 ℃;2010 年 4 月 13 日最低气温 −8.5 ℃;2012 年 4 月 12 日最低气温 −4.6 ℃;2013 年 4 月 9 日最低气温 −11.7 ℃;2014 年 5 月 4 日最低气温 −3 ℃。给该果园生产造成重大损失。

2012—2014 年,根据项目组发布的果树防霜预警,组织系统的防霜,取得明显成效,主要做法有:

(1)根据果园地貌、风向、合理营造防护林,以改善果园内小气候条件,通过果树修剪,增加果园通透性,减少冷空气在果园滞留时间。通过营造防风林,将东北方向的冷空气合理引导到黄河,达到主动防霜目的。多年的事实证明:靠近黄河边地势平坦,以及紧挨防护林或通风条件较好的、霜冻来临时正在灌水的地块,果园受冻程度都相对较低,受冻率在 70%～75% 之间,而地势较低、无防风林及通风条件较差的果园受冻率都在 98% 以上,几乎绝产。

(2)根据发布的霜冻预警信息,结合天气条件,选择最佳防霜时机开展霜冻防御。熏烟法主要采用宁夏气象科学研究所研制的防霜烟雾弹,当温度降至 0 ℃时,在场区东侧全园立即同时点燃烟雾弹,利用大量烟雾既可防止冷空气下沉还能减缓地面热辐射散发。这种方法适用于辐射霜冻防御,天气要晴朗无风(微风)有逆温层的天气条件,这样可以保证烟雾长时间弥漫在果园,同时可以节省烟雾弹。防霜时机把握要根据果园气温监测动态,当气温高于轻霜冻指标 0.5 ℃时开始点燃烟雾弹,保持果园烟雾浓度,直到气温升高,霜冻预警解除。2013—2014 年晚霜冻期间,运用烟雾法成功防御 3 次最低气温达到−3.5～−2.0 ℃的苹果园霜冻。

(3)果园提前灌水。霜冻来临前果园灌水,一方面增加果园的热量,同时还可以增加近地层空气湿度,放出潜热,减缓温度下降速度,达到预防霜冻的目的。在气温正常条件下,开花前灌水可降低地温,延迟开花 2～3 d,可有效避免霜冻。霜冻前一天灌水,夜晚可提高气温 0.5～1.0 ℃,2012—2014 年通过大面积灌水有效保护园艺中心的万亩果园免受霜冻害。尤其是在 2014 年严重霜冻情况下,通过连夜灌水防霜措施,保障苹果获得丰收。

(4)防霜机防霜。2014 年银川市河东生态园艺试验中心引进防霜机,收到防霜预警后,在凌晨 03:00 打开防霜机,通过空气扰动,有效提高园区气温,保障了品种园杏、李子免受 2014 年 4 月下旬—5 月上旬多达 6 次霜冻灾害。2014 年品种园李子、杏的产量是近年来最高的一年。

(5)综合技术防霜。2014 年 4 月 27 日银川市河东生态园艺试验中心北面低洼地杏园霜冻来势迅猛,对照点最低气温降到−6.7 ℃,低于−4.0 ℃低温持续时间长达 3 小时,凌晨 03:40 开始,中心通过防霜火墙、熏烟等联合防霜措施运用,极大减少了霜冻损失,2014 年杏园保留了 18%的产量,改写了这块低洼杏园连年绝产的历史,增强了银川市河东生态园艺试验中心技术人员和果农战胜霜冻的信心。

连续 3 年的防霜经验证明,果园防霜要取得好的成效,降低霜冻灾害损失是目标,准确的霜冻预报和预警是前提,综合的防霜技术应用是保障,防霜时机把握是关键,联防群治防霜工程是根本。

8.2 甘肃天水防霜机防霜效果评价

随着我国现代农业和特色农产品的建设,熏烟、灌溉和覆盖等传统的人工防霜方法虽然对农作物的防霜具有较好的效果,但其费时费力,并且易造成环境污染(尹宪志,2014)。因此,开发研究新型环保高效的防霜冻设备等就显得尤为迫切。

目前,国外利用扰动空气的原理对农作物进行防霜,取得了一些效果(Furuta *et al*,2006;胡永光 等,2007)。该原理是基于在霜冻发生的天气条件下,往往伴随着"上热下冷"的逆温现象,使上、下层空气混合,提高近地层农作物生长气温,从而达到防霜目的。

20 世纪 70 年代,Reese *et al*(1969)和 Gerber *et al*(1979)等研究了风扇对农作物的防霜效果,表明在风扇开启后 1 h 才有较好效果,并且防霜效果主要与逆温强度有关。Doesken *et al*(1989)指出是否开启风扇防霜主要由逆温强度和最低温度决定。21 世纪初,Antonio *et al*(2006)研究得出当果园逆温强度达到1.5～2 ℃以上时,风扇开启后才有较好的增温效果,增温效果与逆温强度成正比。美国在果园安装高度超过 10 m 的风扇,甚至利用直升机在作物上空对空气进行扰动,也达到了防霜目的(Krasivutu *et al*,1996),但其成本较高,不利推广。但胡永光(2011)和戴青玲等(2009)设计的茶园风扇防霜系统,为植物防霜冻提供了一种新思路。

现有防霜机大多处于试验研究阶段,而且风机设计高度和叶片长度等不适应高植株的苹果和樱桃等树木。甘肃利用机械动力扰动防霜冻原理,自主研究设计了一种新型高架长叶片防霜机(以下简称防霜机),已经通过鉴定,取得了良好的防霜冻效果,已在宁夏、甘肃、陕西等地推广使用(平时利用风能发电并贮能,将要发生霜冻时降低高度并启动防霜,可降低成本)。

8.2.1 天水试验区概况及试验方案设计

西北地区万亩花牛苹果基地位于甘肃省天水市麦积区城郊南山(105°49′E,34°33′N),海拔高度约为 1260 m,所在地区属于大陆性暖温带半湿润气候区,年平均气温为 11 ℃,年降水量为 500～600 mm,年平均日照时数 1935.4 h,无霜期 185 d左右。花牛苹果面积已达 1.67 万 hm²,花牛苹果挂果面积 1.07 万 hm²,预计产量 16 万 t,产值 4.8 亿元。花牛苹果等已成为当地农民增收、农业增效的支柱产业,是国内唯独可与美国蛇果相媲美的品牌。现已发展成为西北规模最大的优质花牛苹果示范性生产基地,农业部和科技部的现代农业示范基地。

2013 年 10 月 19—21 日,受北方东移冷空气和高原切变共同影响,甘肃省出现了一次明显的降温、降水天气过程,各地气温下降 6～8 ℃。19 日 08:00 到 20 日 08:00,天水市麦积区降雨量达到 0.6 mm,此次的降温降水过程类似霜冻形成的天气过程,给对比试验创造了有利的条件。

(1)防霜机的防霜冻效果观测试验方案

国内首台高架长叶片防霜机由甘肃省气象局联合天水锻压厂自主研究设计(型号:FSJ-75),功率为 120 kW,高度为 10 m,风叶直径为 6 m。防霜机由农电或柴油发动机作为动力源,经齿轮箱、传动轴带动叶片转动产生风能,对果园上方空气进行物理扰动,通过混合果园上下层空气(消除局地逆温),促进冷暖空气对流,提升果园近地面气温,达到良好的防霜冻效果。

试验观测仪器:(1)EY-11B 型便携式风速仪(中环天仪(天津)气象仪器有限公司),最大误差≤0.4 m/s,测量范围为 1～30 m/s;(2)DHC1 型温湿度传感器(中环天仪(天津)气象仪器有限公司),湿度测量精度为±3%,测量范围为 RH0～100%,温度测量精度为±0.2 ℃,测量范围:-50～60 ℃;(3)风速风向传感器(中环天仪(天津)气象仪器有限公司),测量精度为±0.1 m/s,测量范围为 0～70 m/s。

2013 年 10 月 21 日防霜机试验期间,开机时间为 07:45,关机时间为 08:30。

为了研究防霜机对苹果等园区气温、相对湿度、风速的作用效果,(1)在距防霜机 53 m 处,安装 10 m 温度梯度观测塔(保护区内)。(2)在距防霜机 190 m 处也安装 10 m 温度梯度观测塔(保护区外),作为防霜冻效果对照。(3)2 个梯度塔分别在距地面 1.0 m、2.0 m、3.0 m、4.0 m、5.0 m、8.0 m、10 m 处,安装了温度传感器,观测垂直空间气温(℃);在距地面 2.0 m 的高度安装了湿度传感器(位于苹果树冠的中部),观测相对湿度(%);在距地面 10.5 m 高度安装风速风向传感器,观测

风向(°)、风速(m/s)。

(2)防霜机的保护范围观测试验方案

10月20日,以防霜机风轮轴线在地面上的投影为中心线,每隔10 m架设一个携式风速仪观测点,水平分布的10个观测点,根据在距地面1 m、2 m和3 m观测的风速,绘制不同高度最大风速的水平图,分析最大风速分布特征,分析防霜机的有效防霜保护范围,作为防霜机性能参数之一。

8.2.2 防霜机的防霜冻效果评估

(1)苹果园内近地层气温的日垂直变化

图8.1为10月21日01:00—24:00苹果园内近地层10 m气温日垂直变化。从图8.1看出,苹果园内气温昼夜温差可达到14 ℃以上。气温在07:00开始增加,到16:00气温达到最大,16:00后随着太阳辐射减少,气温从低层随高度增加而缓慢下降,到次日07:00气温降到最低。08:00—17:00内气温随高度增加而升高,其中近地面1 m增温最显著;17:00后(日落时间),由于大气长波辐射使近地面空气层冷却,1～10 m内的气温虽然总体呈下降趋势,但高层气温仍高于底层

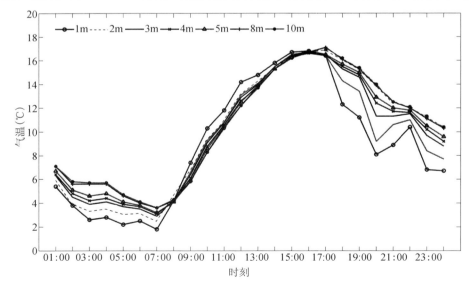

图8.1 苹果园距地面1～10 m范围内气温的日垂直变化(℃)

（逆温出现），20：00 的逆温最强（10 m 与 1 m 气温差最大，达 5.9 ℃）；1～3 m 的温差次之（为 2 ℃以上），3～10 m 温差最小。

（2）防霜机保护区内外近地面 10 m 的气温变化

10 月 21 日 06：00—10：00，天水市万亩果园防霜试验基地少云、轻雾，风速很小。防霜机启动前 07：35 观测的不同高度气温（表 8.1），分析表明，地面温度为 5.4 ℃，1.5 m 以上气温随着高度增加而增加，1～10 m 之间的气温差为 2.1 ℃，说明强降温天气过程中，苹果园近地层逆温较强，逆温层垂直厚度大。

表 8.1　防霜机启动前自然状态下不同高度的气温

距地高度（m）	0.0	0.5	1.0	1.5	2.0	3.0	4.0	5.0	6.5	8.0	10
温度（℃）	5.4	2.0	2.0	2.3	2.5	3.0	3.3	3.5	3.8	4.0	4.1

图 8.2 为 07：30—09：00 防霜机开、关机期间，保护区内（距防霜机 53 m，下同）、外（距防霜机 190 m，下同）近地面 10 m 范围内气温垂直分布。图中防霜机开机前 07：30—07：45 果园内、外不同高度气温随高度增加而升高，其中 10 m 与 1 m 气温分别为 4 ℃、2.5 ℃，最大逆温温差为 2 ℃以上。

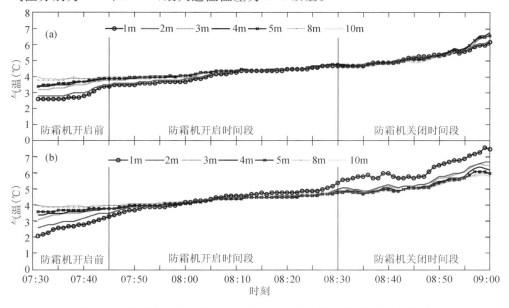

图 8.2　防霜机保护区外（a）、内（b）距地面不同高度气温的垂直分布

在 07:45—08:30 防霜机开机工作期间,保护区内受长叶风扇动力扰动作用将上层热空气与下层冷空气混合,促进冷暖空气对流,到 07:55 后 1～10 m 逆温温差减弱为 0.2 ℃(最大温差下降 1.8 ℃/10 min),08:05 后 1～10 m 内逆温现象消失,随着防霜机开启时间的增加,气温发生逆转。在 08:30—09:00 防霜机关闭后,不同高度气温继续逆转升高。结果表明:高架长叶防霜机不仅能够消除果园近地层逆温,防御霜冻形成,而且逆温强度越大,近地面温度越低,升温效果越明显;同时防霜机的动力作用还对果园近地层升温有明显的后延作用,08:35 保护区内近地层 1～2 m 气温温差为 1 ℃ 以上,而防霜机保护区外 1～10 m 之间气温温差仅 0.2 ℃。

图 8.3 为防霜机保护区内、外近地面 10 m 温差(保护区内气温减保护区外气温)变化。07:45 防霜机开机后保护区内、外距地面 1 m、2 m、3 m 的温差明显大于0,尤其 1 m 气温增大较明显。08:30 防霜机关机后,1 m 气温继续增高,到 08:55的 1 m 处温差达到最大(为 1.5 ℃);由于苹果树高度约为 3 m,所以防霜机对苹果树有较好的防霜冻效果。以上分析说明,逆温条件下防霜机对果园有升温效果,尤其是对 1 m 高度处的升温效果最明显。

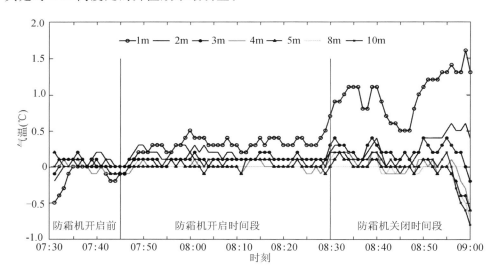

图 8.3 防霜机保护区内、外近地面 10 m 内同一高度温差变化

(温差为同一高度下保护区内气温减保护区外气温)

（3）防霜机保护区内、外相对湿度变化

图 8.4 为防霜机保护区内、外距地面 2 m 高度处相对湿度变化。在 07：45 防霜机开机后，防霜机保护区内、外相对湿度基本相等，约为 100％。08：00 以后防霜机保护区内相对湿度减小较快，这是由于防霜机开机后，空气流动增大，导致蒸发加快，相对湿度减小。08：30 防霜机关闭后，09：00 防霜机保护区内相对湿度（78％）明显小于保护区外（86％）。这充分说明防霜机对相对湿度影响具有明显的后延作用。

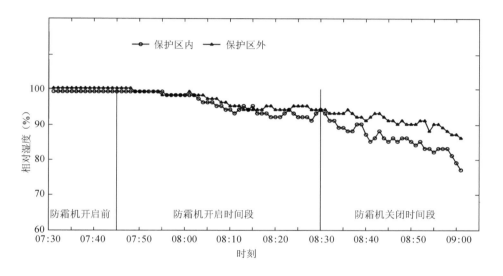

图 8.4 防霜机保护区内、外 2 m 高度处相对湿度变化

（4）防霜机保护区内、外瞬时风速变化

图 8.5 为防霜机保护区内、外瞬时风速变化。分析表明，在 07：45—08：30 防霜机开机期间，防霜机保护区内、外风速呈现出不同大小的"峰值"特征。其中防霜机保护区内瞬时最大风速（为 6.5 m/s）远大于保护区外，内外最大风速差达近 2.0 m/s。风速峰值出现周期为 10 min 左右，约为防霜机对地面东南西北方向自转一圈所需时间。但是在防霜机开启前或关闭后，防霜机保护区内外的风速变化基本相等。

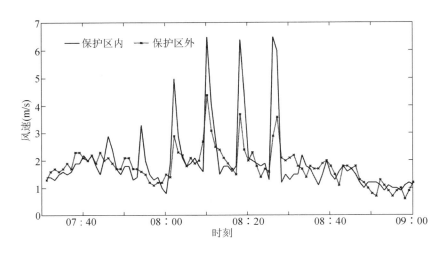

图 8.5　防霜机保护区内、外瞬时风速变化(m/s)

（5）防霜机开机时风速分布特征与保护范围

图 8.6 为防霜机开机时地面无果树（裸地）地区苹果园内距地面 1 m、2 m、3 m 高度风速的分布。从图 8.6(a)中看出，防霜机开机时在 20～100 m 范围内，无论地面有无果树，随着水平距离增加，风速都呈现出减小的变化特征，最大风速带在 20 m 左右。这是由于随着水平距离增加，湍流能量衰减(Batchelor,1947)对风速的影响。但苹果园内由于树冠的摩擦作用是距地面 1 m、2 m、3 m 风速基本呈现出波动减小特征。图 8.6(b)为防霜机开启后，近地面 3 m、2 m、1 m 风速依次减小，其中距防霜机水平距离 20 m 风速分别为 1.6 m/s、2.1 m/s、4.0 m/s。

研究证明，风速大于 0.6 m/s 即可有效扰动空气起到防霜作用（胡永光，2011）。从图 8.6(b)中可以看出，在防霜机水平影响的 10～100 m 范围内，距地面 3 m 的风速均大于 0.6 m/s；而 10～75 m 内距地面 2 m 的风速基本大于 0.6 m/s。距地面 2～3 m 主要是苹果树冠的生长区域，0.6 m/s 较大风速的扰动，能够造成 2 m 以下的空气混合，防止霜冻形成。因此 10～75 m 是防霜机的有效防霜冻保护区域。以长叶风扇摆动范围 360°计算，当 3 m 高度风速对空气有效扰动能到达 100 m 时，最大保护面积为 3.07 hm²，当 2 m 高度风速对空气有效扰动能达到 75 m，其有效防霜面积为 1.73 hm²，因此，每台防霜机保护面积约为 1.73～3.07 hm²。

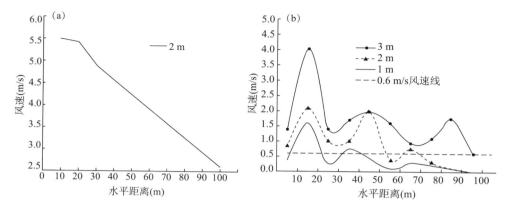

图 8.6　防霜机开机工作时

(a)地面无果树地区距地面 2 m 高度风速的分布,(b)苹果园内距地面 1 m、2 m、3 m 风速的分布

8.2.3　防霜机防霜冻效果评估结论

(1)通过防霜冻试验观测数据分析,结果表明:在逆温条件下,防霜机保护区内逆温现象消失,气温发生逆转,防霜机对果园有升温效果,近地层 1～3 m 升温明显,尤其是近地面 1 m 增温达到 1.5 ℃。

(2)防霜机长叶风扇的动力扰动作用导致低层空气上下流动增大,气温增加,蒸发加快,相对湿度减小,逆温层消失,有效地防止了霜冻生成,并且防霜机对气温和相对湿度的影响具有明显后延作用。

(3)防霜机开启后,20 m 左右是防霜机的强风速扰动影响区,距地面 3 m、2 m 和 1 m 的风速分别为 4.0 m/s、2.1 m/s、1.6 m/s,呈依次减小特征。防霜机有效保护范围为水平 20～100 m;按照风速大于 0.6 m/s 即可有效扰动空气起到防霜冻保护计算,每台高架防霜机的有效保护面积为 1.73～3.07 hm²。

(4)与春季晚霜冻发生时果树发芽、开花,树叶稀疏的环境不同,以上对比试验正是早霜冻发生期,由于秋季果树的树叶较密集,阻挡和减小了近地层空气的扰动交换,虽然防霜冻效果良好,但高架防霜机的最大效果还没有充分发挥,还有待进一步研究。

8.3 陕西果园防霜侧记

8.3.1 苹果园防霜适用技术

霜冻对苹果树的危害程度既受冷空气强度影响又与果树所处生育阶段有关。开花期霜冻防御须从调控田间小气候和调控果树生育期两方面入手,经过多年实践,陕西苹果园防霜总结出一套"避、抗、防、补"的综合防御措施,来抵御晚霜冻对苹果开花坐果的影响。

所谓"避",就是通过果园覆草、树干涂白、喷施防冻剂和果树生长调节剂等,推迟开花期,避过开花期霜冻害。

所谓"抗",就是通过加强管理,增强树势提高果树抗冻能力和灾后恢复能力,主要是通过秋冬季节水肥和越冬防寒管理,促进果树安全越冬,增强树势和抗逆性。

所谓"防",就是结合天气预报,在冷空气来临前或来临时通过灌水、熏烟等改善果园小气候,提高近地层温度,防御和减轻低温霜冻危害。

所谓"补",就是霜冻发生后,及时加强水肥管理,缓解低温伤害,促进根系和幼果正常发育。同时及时施用复合肥、硅钙镁钾肥、土壤调理肥、腐殖酸肥等,促进果实发育,增加单果重,挽回产量。

8.3.2 2013—2014 年果园防霜侧记

2013 年 4 月 5—10 日,陕西省苹果种植区连续遭遇两次较强寒潮天气过程。其中 4 月 5—6 日寒潮天气过程,最低温主要出现在 6 日凌晨,监测显示 39 个苹果种植县中有 32 个县出现 0 ℃以下低温,最低为吴起县,最低气温达到 −8.1 ℃,且各地低温持续时间均在 3～5 h;另一次 4 月 8—10 日寒潮天气过程中,最低温主要出现在 9 日凌晨,39 个苹果种植县中,有 12 个县出现 0 ℃以下低温,最低为吴起县达 −9.7 ℃,持续时间为 5 h 左右。

2014 年 4 月 25—27 日,陕西省苹果种植区遭遇一次弱降温过程,陕北北扩种植区的子洲、米脂、绥德、吴起、志丹、子长等县最低气温下降至 -1 ℃ 左右,延安果区的安塞、延安、延川等县和渭北西部果区的陇县、旬邑、长武等县最低气温下降至 0 ℃ 左右。

(1)大面积熏烟防霜侧记

延安市苹果园连片种植面积大、地形缓和,易于通过大面积熏烟方法抵御霜冻危害。2013 年 4 月 4 日气象部门预计延安市将出现强寒潮天气,并第一时间将寒潮低温预警信息通报延安市果业管理局,果业局得知低温强度及出现时间后,立即启动苹果春季防霜应急预案,组织乡镇及合作社,部署果园熏烟联防工作。4 月 5 日,延安宝塔区、安塞县、黄陵县等 50 多个观察点的果农,已在熏烟点安置好事先准备的熏烟材料,4 月 6 日凌晨,各观察点的果农,在当地技术员的指导下,在果园气温降到了零度以下后,点燃柴火和烟雾剂,熏烟工作全面展开,并一直持续至此次寒潮天气结束。

(2)小范围物理防霜侧记

旬邑地区果园连片,但地形复杂,各地低温强度及物候期差异较大,故常年易发晚霜冻。为解决此问题,旬邑县气象局采用秸秆覆盖、树体涂白、喷施作物生长抑制剂 PBO 等不同处理方式,通过多年试验,发现三种措施可推迟苹果开花期 4～15 d,其中秸秆覆盖、树体涂白、喷施 PBO 三种方式联合使用效果最好。近些年,旬邑县一直推广用此方法,推迟苹果开花期,以使开花期错过霜冻天气。

表 8.2　不同处理方式对旬邑苹果开花期影响

处理方式	萌动期 (月-日)	花芽开放期 (月-日)	初开花期 (月-日)	盛开花期 (月-日)
秸秆覆盖	03-24	03-28	04-01	04-06
树体涂白、喷施生长抑制剂	03-18	03-26	04-02	04-08
秸秆覆盖、树体涂白、喷施	03-25	04-05	04-10	04-15
对照组	03-18	03-22	03-25	03-30

在 2013 年和 2014 年霜冻天气发生时,旬邑县苹果园普遍采用上述方法开展防霜工作,经统计发现,2013 年试验果园采用综合防御措施后,开花期受害率分别

比对照、秸秆覆盖、树体涂白与喷施作物生长抑制剂 PBO 降低 40％、10％、28％；2014 年降低 25％、8％、5％。两年苹果花受害率不到 3％，防霜效果显著。

（3）后期灾情调查工作侧记

2013 年 4 月连续两次霜冻天气后，陕西省经济作物气象服务台立即启动苹果开花期霜冻灾情调查，奔赴铜川、延安、渭南、咸阳 4 地市，共 8 县区 20 多个果园，开展大范围苹果园实地调查。调查结果显示，两次寒潮天气导致陕西省苹果遭遇严重霜冻害。渭北西部苹果区花序受冻率约 65.7％，花朵受冻率约 44.7％；延安南部苹果区花序受冻率约 87.8％，花朵受冻率约 57.8％；延安北部及以北苹果区正处于现蕾期，花蕾受冻率达 80％以上；关中苹果区和渭北东部苹果区有轻度开花期霜冻害，表现为部分花瓣边缘出现干枯变色。

为进一步了解苹果霜冻对后期苹果生长的影响，陕西省经济作物气象服务台 2012 年 6 月 26—28 日和 2013 年 7 月 29—31 日，赴前期调查的 8 县区 20 多个果园调查苹果后期生长情况。调查发现：①开花期霜冻害程度与果园管理密切相关，同一地区由于管理的不同，苹果坐果及后期长势差别也非常明显。②果树遭遇开花期霜冻后，果树自身的树体补救和调节能力，可在一定程度上修复霜冻对花及树体的伤害，减少损失。

8.3.3　提升果园防霜效果的途径

总结近年陕西春季苹果开花期霜冻气象服务工作，发现四点工作对提高晚霜冻气象服务效果，降低霜冻气象灾害损失具有明显帮助。

（1）科学应用低温预报与物候期预测信息。不论是否采取防霜措施，以及采取何种防霜措施，及时准确的天气预报和果树物候期预报，是判断开展防霜工作的前提和基础。

（2）高度重视果园管理，增强树势。经过多年气象服务发现，果园管理好的果树，树势普遍较强，果树遭遇霜冻后的自身修复能力也显著大于管理差的果树，其果实后期的产量及品质等生长情况等受霜冻灾害影响的程度亦较小，可较大程度地减轻霜冻灾害带来的经济损失。

（3）因地制宜，及时采取适用的防霜技术。根据不同果园地形、防霜组织方式、果园防霜成本要求等，可采取熏烟、秸秆覆盖、树体涂白与喷施作物生长抑制剂等不同方式的防霜措施，在合理的成本范围内降低霜冻灾害的损失。

（4）科学组织，群策群防。当遇有大范围霜冻天气过程时，可由当地政府、合作社组织果农，统一指挥开展大面积防霜，实现防霜工作有序、有效开展，做到了责任到人、措施到位、群众联手，以从面上有效控制霜冻对果树的影响。

8.4　河北果树防霜侧记

8.4.1　河北春季寒潮对杏树的影响

河北省春季寒潮主要影响杏树春季花蕾期、开花期和幼果期，因为春季气温逐渐回升，杏树解除休眠进入生长期后，从萌芽、现蕾到开花坐果，抗寒力越来越弱。春季寒潮强度越大，即气温越低，杏树受害程度也越重。春季寒潮持续时间越久，即低温持续的时间越长，杏树受害程度也越重。当寒潮过后，如果温度迅速上升并且与阳光同时作用于受冻的器官时，受害更重。高温和阳光会加强植物细胞间隙中的水分蒸发，使植物因枯萎而死亡。寒潮发生的强度和持续时间与地形、土壤、植被、农业技术措施及树体本身等条件密切相关。就地形影响而言，洼地、谷地、小盆地，霜冻重于邻近开阔地。果树开花、坐果的早春，北方冷空气仍有一定的强度，其南侵形成的早霜冻常给果树正常生长造成严重的威胁。早霜冻出现越晚，对果树的危害越大，果树萌芽、开花越早，造成的损害越严重。

8.4.2　河北杏树防霜所采用的技术方法

（1）选育抗霜冻品种

张家口市从仁用杏中选出的优质品种，开花期能够抵抗−4 ℃的低温，这些抗霜力强的杏品种的选育成功，从某种程度上可以避免晚霜对杏树的危害。

（2）加强管理防御霜冻

果树工作者在长期的生产实践中总结出了许多防霜措施，从管理措施方面主要为修剪、施肥、喷药等措施，其主要目的就是增强树势，提高抵御霜冻的能力。

（3）延迟发芽，减轻霜冻危害

春季灌水或喷水。果树发芽后—开花前灌水或喷水 1～2 次，可明显延缓地温上升的速度，延迟发芽，可推迟开花期 2～3 d。

涂白或喷白。早春对树干、骨干枝进行涂白，树冠喷 8%～10% 的石灰水，以反射光照、减少树体对热能的吸收，降低冠层与枝芽的温度，可推迟开花 3～5 d。利用腋花芽结果，腋花芽较顶花芽萌发和开花晚，有利避开晚霜。

（4）改善果园的小气候

加热法。加热防霜是现代防霜较先进而有效的方法。在果园内每隔一定距离放置一加热器，在发生霜冻前点火加温，使下层空气变暖而上升，在果树周围形成一暖气层，一般可提高气温 1～2 ℃。

吹风法。辐射型霜冻是在晴朗无风的天气下发生的，利用大型吹风机增强空气流通，将冷气吹散，可以起到防霜效果。有试验表明，吹风后的升温值为 1.5～2 ℃。

熏烟法。根据天气预报，在晚霜将要来临，园内气温接近 0 ℃ 时，在迎风面每亩堆放 5～8 个烟堆熏烟，可提高气温 1～2 ℃。近些年来，采用硝铵、锯末、柴油混合制成的烟雾剂代替烟堆熏烟，使用方便，烟量大，防霜效果好。

树盘覆草。早春用杂草（或积雪）覆盖树盘，厚度为 20～30 cm，可使树盘升温缓慢，限制根系的早期活动，从而延迟开花。如能够结合灌水，效果更佳。

（5）应用植物生长调节剂推迟开花期

秋季树冠喷施 50～100 mg/L GA3 可延迟杏树落叶，增加树体营养贮藏，从而提高花芽的抗寒力。10 月中旬喷施 100～200 mg/L 乙烯利溶液可推迟杏树开花期 2～5 d；杏芽膨大期于冠层喷施 500～2000 mg/L 的青鲜素（MH，又名抑芽丹）水溶液，可推迟开花期 4～6 d。

（6）药剂防霜

药剂杀灭冰核细菌。研制或筛选具有杀灭 INA 细菌和破坏冰蛋白成冰活性功能的药剂，用以杀灭 INA 细菌、防御霜冻。杏花露红、盛开花期各喷 150 倍、200 倍防菌灵防霜效果明显。花前 7～10 d 喷一次 100 倍 PBO 溶液，提高花器官抗冻能力；花蕾前 2～3 d 喷防霜剂药剂Ⅰ号一次，花蕾期再喷防霜剂药剂Ⅰ号一次。

参考文献

阿布都克日木·阿巴斯,王荣梅,阿不都西库尔·阿不都克力木,等. 2013. 1982-2010 年喀什木本植物物候变化与气候变化的关系. 第四纪研究,33(5):927-935.

白岗栓. 1999. 春季果园霜冻预防方法. 西北园艺,(2):17-18.

安宁中. 2006. 苹果园管道喷水防冻技术试验. 果农之友,(6):8.

别洛博罗多娃. 1985. 提高果树产量的农业气象基础. 王馥棠,亓来福,译. 北京:气象出版社.

蔡广珍,王琨. 2012. 临夏地区经济果木春季低温冻害特征分析. 现代农业科技,(15):240-241.

蔡文华,张辉,徐宗焕,等. 2008. 荔枝树冻害指标初探. 中国农学通报,24(9):353-356.

蔡文华,陈惠,潘卫华,等. 2009. 福建龙眼树冻害指标初探. 中国农业气象,30(1):113-116.

蔡运龙. 1996. 全球气候变化下中国农业的脆弱性与适应对策. 地理学报,51(3):202-211.

柴芊,栗珂,刘璐. 2010. 陕西果业基地苹果开花期霜冻害指数及预报方法. 中国农业气象,31(4):621-626.

常立民. 1998. 花蕾期霜冻害对中晚熟苹果坐果率的影响. 山西果树,(2):11-12.

陈惠,王加义,潘卫华,等. 2012. 南亚热带主要果树冻(寒)害低温指标的确定. 中国农业气象,33(1):148-155.

陈尚谟,黄寿波,温福光. 1988. 果树气象学. 北京:气象出版社.

陈少坤. 2008. 综合栽培措施对仁用杏花器官抗寒性及树体生长的影响. 河北农业大学硕士学位论文.

陈豫英,陈楠,张晓煜. 2001. 宁夏农业区霜冻出现规律分析. 宁夏农林科技,(3):32-35.

陈正洪. 1991. 植物抗寒力指标的研究. 湖北林业科技,(4):17-19.

程福厚,张纪英. 1994. 苹果、梨树开花期冻害调查. 河北果树,20(1):33-35.

大气科学词典编委会. 1994. 大气科学词典. 北京:气象出版社.

代永利. 2013. 辽西北地区果园小气候特征及防护林的调节作用. 现代农村科技,(6):32-33.

戴君虎,王焕炯,葛全胜. 2013. 近 50 年中国温带季风区植物开花期晚霜冻风险变化. 地理学报,68(5):593-601.

戴青玲,张胜波,李萍萍,等. 2009. 茶园高架风扇防霜效果试验与控制系统设计. 农业科技与装备,185(5):34-37.

第二次气候变化国家评估报告编写委员会.2011.气候变化国家评估报告.北京:科学出版社.

杜军,石磊,袁雷.2013.近50年西藏主要农区霜冻指标的变化特征.中国农业气象,**34**(3):264-271.

樊晓春,马鹏里,党冰,等.2013.晚霜冻变化对甘肃平凉苹果冻害的影响研究.中国农学通报,**29**(31):194-200.

房世波,阳晶晶,周广胜.2011.30年来我国农业气象灾害变化趋势和分布特征.自然灾害学报,**20**(5):69-73.

冯义彬,陈玉玲,樊银超.2011.果园霜冻的类型及防御方法.果农之友,(3):34-35.

冯玉香,何维勋,汪学林,等.1998a.梨花霜害及其防御.中国农业气象,**19**(2):37-41.

冯玉香,何维勋.1998b.梨花霜害程度与低温强度的关系.园艺学报,**25**(1):23-26.

冯玉香,何维勋.1999.霜冻的研究.北京:气象出版社.

伏洋,李凤霞,张国胜.2003.德令哈地区霜冻灾害气候指标的对比分析.中国农业气象,**24**(4):8-11.

高文胜,赵盛国.2010.果树晚霜冻害的预防与补救.园艺园林,(3):27-28.

郭民主.2006.果树的自然灾害及其防御对策.山西果树,(3):30-31.

郝燕,王鸿,陈建军,等.2006.兰州市葡萄遭受晚霜冻害的调查.落叶果树,(4):15-17.

何维勋.1986.农业百科全书·农业气象卷.北京:农业出版社.

何维勋,冯玉香,曹永华,等.1992.北京近50年初、终霜日的变化.中国农业气象,18(4):33-36.

何维勋,冯玉香,夏满强.1993.解冻速率对作物霜冻害的影响.应用气象学报,**4**(4):440-445.

侯冬花,萨拉木·艾尼瓦尔.2007.伊犁不同类型野生杏开花期冻害及坐果率研究.新疆农业科学,**44**(2):122-125.

胡毅,李萍,杨建功,等.2005.应用气象学.北京:气象出版社,28-29.

胡永光,李萍萍,戴青玲,等.2007.茶园高架风扇防霜系统设计与试验.农业机械学报,**38**(12):97-99.

胡永光.2011.基于气流扰动的茶园晚霜冻害防除机理及控制技术.江苏大学博士学位论文.

胡永光,李萍萍,朱宵岚.2013.基于GM(1,1)的茶园晚霜发生灰色预测模型.沈阳农业大学学报,**44**(5):553-557.

黄崇福.2006.自然灾害风险评价——理论与实践.北京:科学出版社.

江爱良,李师融.1981.地形小气候与橡胶避寒问题.农业气象,**2**(1):45-52.

姜会飞,郑大玮,王春乙,等.2013.农业气象学.北京:科学出版社.

江育杞,李崇阳,杨晓洁,等.1985.预测苹果幼树早霜冻害的探讨.干旱地区农业研究,**3**(3):19-26.

姜云天,曲柏宏,陈艳秋.2006.果树冻害机理及防寒农业措施研究进展.吉林师范大学学报(自然科学版),(1):38-40.

焦世德.2012.春季果园晚霜冻害的防御.西北园艺,(2):7-8.

金波.2010.北方果树晚霜危害及防治措施.北方果树,(3):40-41.

金菊良,魏一鸣,付强,等.2002.洪水灾害风险管理的理论框架探讨.水利水电技术,**33**(9):39-42.

康斯坦丁诺夫 ЛK.1991.果园霜冻.汪景彦,译.北京:农业出版社,43-87.

赖欣,范广洲,刘雅星.2011.中国植物物候变化预测.干旱气象,**29**(3):269-275.

李爱贞,刘厚凤.2004.气象学与气候学基础.北京:气象出版社,73-78.

李传荣,武玉欣,邵泽胜,等.2001.经济林林内小气候效应的研究.水土保持研究,**8**(3):106-108.

李芬.2012.山西霜冻发生规律及其区域特征研究.南京信息工程大学硕士学位论文.

李红英,张晓煜,曹宁,等.2013.宁夏霜冻致灾因子指标特征及危险性分析.中国农业气象,**34**(4):474-479.

李红英,张晓煜,曹宁,等.2014.基于 GIS 的宁夏晚霜冻害风险评估与区划.自然灾害学报,**23**(1):167-171.

李华,王华,游杰,等.2007.近 45 年霜冻指标变化对我国酿酒葡萄产区的影响.科技导报,**25**(15):16-22.

李健,刘映宁,李美荣,等.2008.陕西果树开花期低温冻害特征及防御对策.气象科技,**42**(3):318-322.

李疆,刘玲.2003.干寒区桃树的冻害分析及防寒栽培技术.新疆农业大学学报,**26**(3):43-46.

李美荣,朱琳,杜继稳.2008.陕西苹果开花期霜冻灾害分析.果树学报,**25**(5):666-670.

李美荣,杜继稳,李星敏,等.2009a.陕西果区苹果始开花期预测模型.中国农业气象,**30**(3):417-420.

李美荣,杜军,刘映宁,等.2009b.气候变化对苹果开花期的影响分析.陕西农业科学,(1):97-101.

李世奎,霍治国,王素艳,等.农业气象灾害风险评估体系及模型研究.自然灾害学报,2004,**13**(1):77-87.

李秀芬,朱教君,王庆礼,等.2013.森林低温霜冻灾害干扰研究综述.生态学报,**33**(12):3563-3574.

李岩,王少敏.2002.果树晚霜冻害的特点及预防措施.河北果树,(2):37-38.

李永振,汪学林,冯玉香,等.1997.苹果梨开花期晚霜冻模拟试验研究.吉林气象,(1):16-18.

李玉鼎.1981.苹果腋花芽的特性及其利用.山西果树,(3):29-31.

李玉鼎,宋文章,宋长冰,等.2011.2009 年黄羊滩、红寺堡等酿酒葡萄基地葡萄冻害调查报告.中外葡萄与葡萄酒,(11):35-37.

李元军,姜中武,苏佳明,等.2009.果树春季霜冻发生规律与防控技术.烟台果树,(2):47-48.

李章成.2008.作物冻害高光谱曲线特征及其遥感监测.中国农业科学院博士学位论文.

梁军,谭晶荣,任全胜.1992.苹果初霜冻受冻级别动态预测.农业系统科学与综合研究,**8**(3):188-190,194.

林海荣,李章成,周清波,等.2009.基于 ETM 植被指数和冠层温度差异遥感监测棉花冷害.棉花学报,**21**(4)：284-289.

刘布春,王石立,庄立伟,等.2003.基于东北玉米区域动力模型的低温冷害预报应用研究.应用气象学报,**14**(5)：616-625.

刘晨晨,曹广真,张明伟,等.2013.时空尺度对利用 MODIS 地表温度估算空气温度的影响研究.遥感技术与应用,(5)：831-835.

刘建华,陶毓汾,何维勋,等.1990.冰核活性细菌与玉米和大豆霜冻关系的研究.中国农业气象,**11**(1)：1-6.

刘鲜明,纪维奎,吴润霞,等.1994.吴桥县果树晚霜冻害的调查.北方果树,(2)：25-26.

刘延杰.1997.旱地的果园间作小气候特点初探.生态农业研究,**4**(2)：69-72.

刘祖祺,林定波.1993.ABA/GAS 调控特异蛋白质与柑橘的抗寒性.园艺学报,**20**(4)：335-340.

吕炯.1956.地形与霜冻.地理学报,**22**(2)：149-158.

陆文渊,钱文春,顾泽,等.2009.安吉白茶茶园风扇防霜冻效果的研究.茶叶,(4)：215-218.

马后良,谢玉瑞,孙春兰.2013.面向抗寒的北方果树栽培技术及补救措施研究.科技资讯,(25)：158-159.

马洁华,刘园,杨晓光,等.2010.全球气候变化背景下华北平原气候资源变化趋势.生态学报,**30**(14)：3818-3827.

马树庆,刘钤,刘实,等.2008.作物霜冻害等级行业标准(中国气象局发布).北京：气象出版社.

马树庆,李锋,王琪,等,2009.寒潮和霜冻.北京：气象出版社,67-122.

梅旭荣.2000.面向 21 世纪农业气象工程.生态农业研究,**8**(1)：93-94.

孟庆瑞,李彦慧,李帅英,等.2007.防除杏树(*Prunus armeniaca* L.)冰核细菌药剂筛选及开花期防霜效果.生态学报,**27**(10)：4191-4196.

孟祥庄.2004.柞木林内不同高度小气候因子时空分布规律的研究.防护林科技,(4)：14-15.

潘晓春,王位泰,杨晓华,等.2010.六盘山东西两侧苹果物候期对气候变化的响应.生态学杂志,**29**(1)：50-54.

庞庭颐.2000.荔枝等果树的霜冻低温指标与避寒种植环境的选择.广西气象,**21**(1)：12-14.

坪井八十二,等.1985.新编农业气象手册.侯宏森、亓来福、王茂新,等,译.北京：农业出版社.

秦承平,仇苏宁.2002.三峡坝区气温日变化特征.气象科技,**30**(5)：304-305.

权学利,李媛,冯斌.2012.果树晚霜冻害的发生与防治.河北果树,(3)：34-35.

沈鸿,孙雪萍,林晓梅.2011.黄淮地区冬小麦霜冻灾害风险评估.防灾科技学院学报,**13**(3)：71-77.

师占君,刘增军,陈明,等.2007.几种药剂减轻杏扁霜冻的初步研究.河北果树,增刊：100-101.

史宽,杨鉴普.2005.苹果开花期霜冻规律及预防调查.山西果树,**103**(1)：27-29.

史培军.1991.灾害研究的理论与实践.南京大学学报(自然科学版),(11)：37-42.

史培军.1996.再论灾害研究的理论与实践.自然灾害学报,**5**(4)：6-17.

史培军.2002.三论灾害研究的理论与实践.自然灾害学报,**11**(3)：1-9.

史培军. 2005. 四论灾害研究的理论与实践. 自然灾害学报, **14**(6)：1-7.

孙芳娟, 张莹, 查养良, 等. 2013. 苹果开花期霜冻分析与防御对策. 北方园艺, (23):217-218.

孙福在, 赵延昌, 杨建民, 等. 2000. 杏树上冰核细菌种类及其冰核活性与杏花霜冻关系的研究. 中国农业科学, **33**(6)：50-58.

孙云才, 夏峰. 2011. 果树晚霜冻的预防与补救. 栽培技术, (3)：10-11.

孙忠富, 孙福在, 李永川, 等. 2001. 霜冻灾害与防御技术. 北京：中国农业科技出版社, 19-38.

孙忠富, 杜克明, 郑飞翔, 等. 2013. 大数据在智慧农业中的研究与应用展望. 中国农业科技导报, **15**(6):63-71.

邰文河, 邢明华, 莎日娜, 等. 2011. 内蒙古通辽市霜冻期规律初探. 畜牧与饲料科学, **8**：21-22.

汤志成, 孙涵. 1989. 用 NOAA 卫星资料作冬作物冻害分析. 遥感信息, (04)；39.

唐广, 蔡涤华, 郑大玮. 1993. 果树蔬菜霜冻与冻害的防御技术. 北京：农业出版社, 83-159.

唐晶, 陶林科, 赵立斌. 2008. 宁夏春季晚霜冻天气分区定点短期预报方法研究. 科协论坛, (5)：34-35.

唐晶, 张文煜, 赵光平, 等. 2007. 宁夏近 44a 霜冻的气候变化特征. 干旱气象, **25**(3)：39-43.

唐晶. 2007. 宁夏霜冻的气候特征、演变规律及预报方法研究. 兰州大学硕士学位论文.

汪景彦. 1993. 红富士苹果高产栽培. 北京：金盾出版社, 48-76.

汪景彦. 2006. 新型果树叶面肥 PBO 在红富士苹果上的应用. 农家致富, (10)：30-31.

汪景彦, 钦少华, 李敏, 等. 2013. 果树霜冻及其有效防控. 果农之友, (2)：31-32.

王春乙, 王石立, 霍治国, 等. 2005. 近 10 年来中国主要农业气象灾害监测预警与评估技术研究进展. 气象学报, **63**(5)：659-670.

王飞, 陈登文, 李嘉瑞, 等. 1999a. 杏花及幼果人工模拟冻害及生理研究. 西北农业学报, **8**(1)：95-97.

王飞, 王华, 陈登文, 等. 1999b. 杏品种花器官耐寒性研究. 园艺学报, **26**(6):356-359.

王金政, 薛晓敏, 姜中武, 等. 2014. 2013 年果树气候效应及 2014 年春季果园管理技术要点. 落叶果树, (2):1-2.

王景红, 李艳丽, 刘璐, 等. 2010. 果树气象服务基础. 北京：气象出版社, 1-11.

王静梅, 张睿睿, 周祥, 等. 2014. 宁夏中宁县出现严重霜冻害的气象条件分析及气象预报服务的思考——以 2013 年 4 月 5-10 日为例. 农业与技术, (7):210.

王旻燕, 吕达仁. 2005. GMS 5 反演中国几类典型下垫面晴空地表温度的日变化及季节变化. 气象学报, **63**(6):957-968.

王秋萍. 2014. 2013 年临汾市果树早春冻害与防治. 北方果树, (2):23-24.

王少敏, 高华君, 王忠友. 2002. 核果类果树花器霜冻及其防护措施. 中国果树, (1):33-35.

王石立, 郭建平, 马玉平. 2006. 从东北玉米冷害预测模型展望农业气象灾害预测技术的发展. 气象与环境学报, **22**(1):45-50.

王术山, 张立君. 2006. 果树冻害及综合防治对策. 北方园艺, (2):81.

王锡稳, 孙兰东, 张新荣, 等. 2005. 甘肃春季一场罕见强霜冻、冻害天气分析. 干旱气象, **23**(4)：

7-11.

王正平,刘榆,刘效义,等.2004.宁夏地区葡萄晚霜冻害调查报告.葡萄栽培,(12):29-31.

吴承忠.1994.烟雾防霜试验效果分析.石河子科技,(5):21-24.

吴佩芳.2009.临夏地区春季霜冻灾害的研究.甘肃农业,(4):84-85

郗荣庭.1997.果树栽培学总论(第三版).北京:农业出版社.

夏于,孙忠富,杜克明,等.2013.基于物联网的小麦苗情诊断管理系统设计与实现.农业工程学
　　报,**29**(5):117-124.

肖金香,穆彪,胡飞.2009.农业气象学.北京:高等教育出版社,146-147.

谢静芳,金顺梅.2003.长春市不同天气条件下的气温日变化特征分析.吉林气象,(2):21-23.

谢里瓦诺夫 А Э.1959.果园防冻.沈熙环,译.北京:中国林业出版社.

辛丰.2013.春季果树冻害的防御与补救.新农村,(2):25.

徐德源,王健,任水莲,等.2007.新疆杏的气候生态适应性及开花期霜冻气候风险区划.中国生
　　态农业学报,**15**(2):18-21.

徐铭志,任国玉.2004.近40年中国气候生长期的变化.应用气象学报,**15**(3):306-312.

徐宗焕,林俩法,陈惠,等.2010.香蕉低温害指标初探.中国农学通报,**26**(01):205-209.

许昌燊.2004.农业气象指标大全.北京:气象出版社.

许存平,海显峰.1991.高海拔农业区早霜冻的预报及防御对策.气象,**17**(4):43-44.

许彦平,姚晓红,万信,等.2013.天水蜜桃开花坐果期霜冻灾害气象风险评估.中国农业气象,**34**
　　(5):606-610.

许艳,王国复,王盘兴.2009.近50a中国霜期的变化特征分析.气象科技,(4):427-433.

薛振华,王玉有,赵正峰,等.2011.杏树低温晚霜冻情况调查.宁夏农林科技,**52**(11):53,55.

杨邦杰,裴志远,周清波,等.2002.我国农情遥感监测关键技术研究进展.农业工程学报,**18**
　　(3):191-194.

杨虎,胡玉萍.2012.霜冻灾害的研究.农业灾害研究,**2**(1):54-61.

杨建民,周怀军.2000.果树霜冻害研究进展.河北农业大学学报,**23**(3):54-58.

杨建民,孟庆瑞.2011.杏花器官霜冻害机理研究.北京:中国农业出版社.

杨松,杨卫,刘俊林,等.2010.河套灌区向日葵终霜冻指标及其时空分布特征.中国农学通报,**26**
　　(1):256-259.

杨小利,江广胜.2010.陇东黄土高原典型站苹果生长对气候变化的响应.中国农业气象,**31**(1):
　　74-77.

杨小利.2014.甘肃平凉市苹果开花期冻害农业保险风险等级评估.干旱气象,**32**(2):281-285.

杨晓光,李勇,代姝玮,等.2011.气候变化背景下中国农业气候资源变化Ⅸ.中国农业气候资源
　　时空变化特征.应用生态学报,(12):3177-3188.

杨晓霞,高留喜.1999.山东省霜冻天气分区客观预报方法.气象,**25**(6):31-34.

杨洋,张晓煜,张磊,等.2014.干旱区苹果园内温度变化规律与果园气温预测.中国农学通报,**30**
　　(19):111-117.

杨正德.2010.彭阳县杏树开花期冻害调查分析.宁夏农林科技,(3):24-25.

姚鹏,范小艳,杨福新,等.2011.葡萄春季霜冻的预防.北方果树,(3):38-39.

姚胜蕊,曾骧,简令成.1991.桃花芽越冬过程中多糖积累和质壁分离动态与品种抗寒性的关系.果树科学,8(1):13-18.

叶殿秀,张勇.2008.1961-2007年我国霜冻变化特征.应用气象学报,**19**(6):661-665.

尹宪志.2014.人工防霜冻技术研究.北京:气象出版社.

余卫东,汤新海.2009.气温日变化过程的模拟与订正.中国农业气象,30(1):35-40.

张波,卜风贤,吉中礼,等.1999.农业灾害学.西安:陕西科学技术出版社,178.

张化民,张军宽,张彦忠,等.2013.果树开花期霜冻预防的成果及经验.防灾减灾,(8):31-33.

张继权,冈田宪夫,多多纳裕.2006.综合自然灾害风险管理——全面整合的模式与中国的战略选择.自然灾害学报,**15**(1):29-37.

张建军,刘艳红,李晶晶.2009.北方春霜冻的危害及防御.中国农业信息,(7):24-25.

张锦泉,马丽婷,杨先荣,等.2013.临夏地区春季经济花果树类及农作物霜冻灾害形成条件及防御对策.现代农业科技,(3):283-285.

张磊,张晓煜,李红英,等.2013.1961-2010年宁夏无霜期变化特征.生态环境学报,**22**(5):801-805.

张仕明,吴钧,史玉辉,等.2012.库尔勒香梨树冬季冻害指数及其变化特征分析.中国农业气象,**33**(3):462-467.

张晓煜,陈豫英,苏占胜,等.2001a.宁夏主要作物霜冻遥感监测研究.遥感技术与应用,**16**(1):32-36.

张晓煜,马玉平,苏占胜,等.2001b.宁夏主要作物霜冻试验研究.干旱区资源与环境,**15**(2):50-54.

张秀国,吴建梁,王喜军,等.2004.杏树开花期霜害的影响因素调查及防治措施.河北林业科技,(3):35-36.

张学河.2005.晚期霜冻果树受害调查及预防补救技术.果农之友,(5):25-26.

张学河,路卫东.2006.大樱桃晚霜冻害的发生及防御.烟台果树,93(1):15-16.

张艳萍,宋长冰,安冬梅.2008.葡萄霜冻害研究进展.中外葡萄与葡萄酒,(3):41-43.

张永安,曾宪平.2011.林业苗圃喷灌防霜.吉林农业,(4):232.

张振英,孙艳霞,宋来庆,等.2013.烟台地区苹果开花期霜冻害发生规律研究.山东农业科学,**45**(10):108-110.

张正斌,陈兆波,孙传范,等.2011.气候变化与东北地区粮食新增.中国生态农业学报 **19**(1):193-196.

赵东侠.2008.果园小气候条件对果树生产的影响.河北农业科技,(15):33.

赵年武,郭连云.2013.贵德县梨树开花期冻害特征及冻害年型预测.中国农学通报,**29**(34):186-191.

赵荣艳,徐曼,付占芳,等.2007.北京地区杏树冰核活性细菌种类及其消长动态规律的研究.中国农业科学，**40**(6):1174-1180.

郑大玮,郑大琼,刘老城. 2005.农业减灾实用技术手册.杭州:浙江科学技术出版社.

郑大玮,李茂松,霍治国,等.2013.农业灾害与减灾对策.北京:中国农业大学出版社,113-115, 432-441.

郑景云,葛全胜,赵会霞. 2003.近40年中国植物物候对气候变化的响应研究.中国农业气象, **24**(1):28-32.

支元曼,李宝莲.1994.莘县苹果树花期晚霜冻害调查报告.中国果树,(3):36-37,3.

郑维.1980.新疆车排子地区喜温作物初霜冻气象服务指标研究.农业气象,(2):26-29.

中国农业科学院.1999.中国农业气象学.北京:中国农业出版社.

钟秀丽,王道龙,饶敏杰,等.2005.草莓开花期发生霜害的温度.植物学通报,**22**(5):560-565.

钟秀丽,王道龙,赵鹏,等.2007.黄淮麦区冬小麦拔节后霜冻温度出现规律研究.中国生态农业 学报,**15**(5):17-20.

朱炳海,王鹏飞,束家鑫. 1985.气象学词典.上海:上海辞书出版社,992-993.

朱琳,王万瑞,任宗启,等.2003.陕北仁用杏的开花期霜冻气候风险分析及区划.中国农业气象, **24**(2):49-51.

Antonio C,Ribeiro J,Paulo D M,*et al*. 2006. Apple orchard frost protection with wind machine operation. *Agricultural and Forest Meteorology*,**141**(2/4):71-81.

Ballard J K. 1982. Frost control in pear orchards. The pear, edit by Tom Vonder Zwet and Norman F. Childers. Ordering Address,290-301.

Batchelor G K. 1947. Kolmogoroff's theory of locally isotropic turbulence. *Proc Camb Phil Soc*, **43**(1):533-559.

Birkmann J. 2010. Global disaster response and reconstruction: stabilization versus destabilization- challenges of the global disaster response to reduce vulnerability and risk following disasters. In: Doelemeyer A,Zimmer J,Tetzlaff G（eds）Risk and planet earth——natural hazards,vulnerability,integrated adaptation strategies. Schweizerbart,Germany,pp 43-55.

Cardona O D. 2003. Indicators for disaster risk management. First expert meeting on disaster risk conceptualization and indicator modelling. Manizales.

Dilley M. 2005. Setting priorities. Global patterns of disaster risk. London:Royal Society.

Doesken N J,MeKee T B, Renquist A R. 1989. A climatological assessment of the utility of wind machines for freeze protection in mountain valleys. *Appl Meteorol*,**28**(3):194-205.

Fan J L,*et al*. 2012. Frost monitoring of fruit tree with satellite data. Proc. SPIE 8531,Remote Sensing for Agriculture,Ecosystems,and Hydrology XIV,85310D,doi:10.1117/ 12.971436.

Furuta M,Araki S. 2006. Frost protection apparatus using high frost protection fan having multiple head（Multi-head system;several sets）and frost protection method using the same:

JP，JP2006109804。

Gerber J F. 1979. Mixing the bottom of the atmosphere to modify temperatures on cold nights In-Barfield. *Am Soc Agric Eng Monogr Joseph MI* ，**17**(2)：315-324.

Hao L，Zhang X Y，Liu S D. 2012. Risk Assessment to China's agricultural drought disaster in country unit. *Natural Hazards.* **61**(2)：785-801.

Krasivutu B，Kimmel E，Amir I. 1996. Forecasting each surface temperature for the optimal application of frost protection methods. *Journal of Agricultural Engineering Research* ，**63**(2)：93-102.

Lindow S E，Arny D C，Upper C D. 1978. Distribution of ice nucleation active bacteria on plants in nature. *Applied and Environmental Microbiology* ，**36**(6)：831-838.

Lindow S E，Arny D C，Upper C D. 1982. Bacterial ice nucleation：a factor in frost injury to plants. *Plant Physiology* ，**70**(4)：1084-1089.

Lindow S E. 1983. The role of bacterial ice nucleation in frost injury to plants. *Annual Review of Phytopathology* ，**21**：363-384.

Oliver J E. 2005. The encyclopedia of world climatology. *Springer Science & Business Media.* (1)：382.

Proebsting E L，Mills H H. 1978. Low temperature resistance of developing flower buds of six deciduous fruit species. *Journal American Society Horticultural Science* ，**103**：192-198.

Reese R L，Gerber J F. 1969. An empirical description of cold protection provided by a wind machine. *Am. Soc. Hortie Sci* ，**94**(1)，697-700.

Renn O. 2005. Risk governance towards an integrative approach. *International Risk Governance Council* ，*White Paper* ，(1)：1-156.

Snyder R L，de Melo-Abreu J P，Matulich S. 2005. Frost Protection：fundamentals，practice and economics vomule 1. Food and Agriculture Organization of the United Nations Rome.

Chevalier R F，Hoogenboom G，McClendon R W，*et al.* 2012. A web-based fuzzy expert system for frost warnings in horticultural crops. *Environmental Modelling & Software* ，(35)：84-91.

Surányi D. 1991. Hormonal control of frost injuries on apricot trees. *Acta Horticulturae* ，**293**：341-344.

Zhang X F，Zheng Y F，Wang C Y，*et al.* 2011. Spatial distribution and temporal variation of the winter wheat late frost disaster in Henan，China. *Acta Meteorologica Sinica* ，**25**(2)：249-259.

x

附录1:熏烟法防霜技术规程

1 总则

(1)为提高熏烟法防霜效果,特制订本规程。

(2)本规程适用于果树防霜工作和相关科学研究,也适用于林业、园艺业等行业在相关防霜工作中应用。

(3)熏烟法防霜技术除应符合本规程外,还应符合国家现行的其他有关标准的规定。

(4)熏烟法只在果园遭遇辐射型霜冻天气过程影响时采用。

2 基本要求

2.1 操作人员要求

(1)必须具备有一定的果树防霜经验(熏烟法)、果园管理经验和基本的消防安全知识的人员,才能承担熏烟法防霜工作。

(2)应掌握果园内各个树种的种植范围、果树类型,对果树开花期、幼果期有较为系统的认识和了解,熟悉园区基本小气候变化规律、熟知果园地形分布和下垫面枯枝落叶状况。

2.2 对熏烟材料必须掌握资料

(1)须掌握发烟堆混合物组成、发烟堆堆积面积、发烟堆发烟效果和相关应急处置方法。

(2)须掌握烟雾弹材料的基本组成,释放烟雾弹的操作流程,烟雾弹的发烟效果和应急处置方法。

2.3 对预防对象须掌握资料

杏、苹果、梨、李等果树在开花期、幼果期霜冻指标。

2.4 对熏烟环境须掌握资料

熏烟环境温度、风速、风向等气象要素的观测方法。

2.5 安全要求

须提前预备一定容量的水或土堆等松软覆盖物,待熏烟工作结束后扑灭园内明火。

3 熏烟季节、对象的选择

3.1 熏烟季节的选择

熏烟法防霜主要在杏、李、苹果等果树开花期、幼果期采用,该方法通常在 4 月初—5 月中旬使用。

3.2 熏烟对象、环境的选择

熏烟应针对所有园内果树,在晴朗无云、微风(或静风)的夜间果园内即将出现辐射性霜冻灾害时进行防御,熏烟采取联防机制进行大面积防霜时效果最佳。

4 熏烟防霜机理

熏烟法有使用方便,燃放迅速的特点,能在近地 3.0～4.0 m 高度内形成浓厚的烟幕层,延缓冷空气下降速度,可有效地预防和减轻辐射型霜冻的危害。

5 熏烟准备

5.1 发烟堆的准备

(1)采用发烟堆进行熏烟需提前准备大量作物秸秆、枯枝落叶或野草等作燃料,中间放干燥的树叶、草根、锯末等易燃杂物,外面再盖一层薄土。发烟堆以能维持发烟 4～5 h 为宜。

(2)霜冻来临前须事先选好发烟堆布设位置,发烟堆要远离树体,在距离树体约 1.5～2.0 m 处选择较为宽阔的区域进行布设,严禁将发烟堆布设在树体正下方或有其他易燃杂物堆积的区域。

(3)发烟堆一般堆积 10～15 堆/hm²,分布在果园内部和四周,须在上风方向 10～15 m 左右的距离内每间隔 8～10 m 布设一个烟堆。

(4)发烟堆须在霜冻来临前提前 1～2 d 布设在防霜区域内。

5.2　烟雾弹的准备

(1)霜冻来临前须提前将烟雾弹安置在果园内,根据实际风向和风速选择合适的位置摆放。

(2)烟弹点燃前须将烟弹所有通风口打开,须检查引火导线是否正常。

(3)烟弹须布设在距离树体 1.5～2.0 m 左右的范围内,严禁将烟雾弹布设在树体正下方。

(4)一般情况下烟雾弹放置 90～120 个/hm²,均匀分布在果园内部和外围,在上风方向 10 m 左右的距离每间隔 8～10 m 放置 1 个烟雾弹。

(5)烟雾弹须在霜冻来临前提前 1～2 h 布设在防霜区域内。

(6)重点防霜区域应储备 4～6 个烟雾弹作为后备使用。

5.3　其他准备

(1)须提前在园内安置 2～3 个温度观测点,以便时刻关注园内降温情况。

(2)须提前在园内安置 1～2 个风速风向观测点,以便时刻关注园区风速变化情况。

6　熏烟方法

6.1　烟堆熏烟方法

(1)当园内气温降至 −1.0 ℃ 时,须做好发烟堆燃放准备,当气温继续下降并接近于 −1.5 ℃ 时,发布点火信号开始点燃发烟堆。

(2)烟堆点燃时密切关注风向,上风方向点燃 2～3 个发烟堆,果园内部及下风方向视烟雾覆盖情况和降温幅度点燃 3～5 个烟堆。

(3)第一批烟堆点燃后 1～2 h 后视园内烟雾覆盖、园内风速风向变化和发烟堆燃烧情况点燃园内布设的其他烟堆。

(4)当园内气温开始回升至 −1～0 ℃ 或者园内风速＞1.5 m/s 时,可停止点燃烟堆。

6.2　烟雾弹熏烟方法

(1)当园内气温降至 −1.0 ℃ 时,须做好烟堆燃放准备,当气温继续下降并接近于－1.5 ℃时,发布点火信号点燃防霜烟雾弹,上风方向点燃 3～4 个防霜烟雾弹,果园内部视烟雾覆盖情况点燃 2～3 个防霜烟雾弹。

(2)当风向变化时,可将已点燃的防霜烟雾弹移至新的上风方向,移动时须注意避免被防霜烟雾弹附带的火源烧伤,也可在新的上风方向点燃新的防霜烟雾弹以补充防霜区域上方的烟雾。

(3)第一批防霜烟雾弹燃烧 20～30 min 后,视园内烟雾覆盖情况和降温情况点燃其他防霜烟雾弹,以便实现园区上方烟雾的无差别覆盖。

(4)当园内气温开始回升至－1～0 ℃或者园内风速＞1.5 m/s 时,可停止点燃烟堆。

7 安全保障措施

(1)熏烟防霜过程中须指定专人在果园内巡查,遇到发烟堆或防霜烟雾弹出现明火时应及时扑灭,防止发生火灾。

(2)熏烟防霜结束后应采用浇水或就地取土方式浇灭/覆盖发烟堆和防霜烟雾弹燃烧后的残留物,以防止园内出现明火而带来不必要的损失。

8 规程用词

(1)表示很严格,非这样做不可的用词:

正面词采用"必须";反面词采用"严禁"。

(2)表示严格,在正常情况下均应这样的用词:

正面词采用"应";反面词采用"不得"。

(3)对表示允许稍有选择,在条件许可时,首先应这样做的用词:

正面词采用"宜";反面词采用"不宜"。

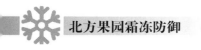
附录 2:化学防霜技术规程

1　总则

(1)为提高杏树化学防霜效果,特制订本规程。

(2)本规程适用于杏树化学防霜工作和相关科学研究,也适用于林业、园艺业等行业在相关防霜工作实验应用。

(3)化学防霜技术除应符合本规程外,还应符合国家现行的其他有关标准的规定。

(4)化学防霜适合杏树果园周年生长管理。

2　基本要求

2.1　操作人员要求

(1)必须具备有一定的果树化学防霜经验、果园管理经验技术人员,才能承担化学防霜工作。

(2)应掌握果园内杏树的生长规律,杏树发育期特征、杏树树势。

2.2　对化学材料必须掌握下列资料

(1)须掌握化学药剂的主要成分、化学组成、对人和树体及果实有无危害等。

(2)须掌握化学药剂的储藏、保管、药品有效期等信息,对剩余的化学药剂能正确处理,确保安全。

(3)掌握化学药剂配比的工作流程、配比比例。

2.3　对预防对象须掌握资料

须掌握杏的树龄、各发育期出现的时间、每亩化学药剂的用量、化学药剂喷施技术及人员防护措施等。

2.4 对化学防霜环境须掌握资料

实时关注当地天气预报,掌握化学药剂使用的最佳时间。

2.5 安全要求

化学防霜药剂的调制一定要严格按照使用说明的比例调制,配置比例过低达不到防霜效果,比例过高会对杏树造成伤害。操作人员一定要佩戴口罩、手套,以免造成伤害。

3 化学防霜药剂喷施时间的选择

3.1 化学防霜实施时间的选择

(1)树体涂白。一年涂白 2 次。入冬前(11 月下旬)对树干、主枝涂白 1 次,早春(3 月中旬)再涂白 1 次。

(2)树冠喷施 PBO。一年喷施 3 次。第一次在开花前 7～10 d(吐红期)喷施,第二次在采摘后至 7 月底喷,第三次在 8 月下旬叶子变黄前 10 d 左右喷施。

(3)喷施防霜 1 号。花蕾前 2～3 d 喷第一次;花蕾期喷第二次;开花前 2～3 d 喷第三次。如果开花期有较重的降温天气,可提前 1～2 d 再喷 1 次。

3.2 化学防霜对象、环境的选择

(1)树冠喷施 PBO 一定要选择树势较强的个体进行,树势弱小的个体容易受到伤害。其他两种措施对杏树个体没有要求。

(2)化学防霜措施应尽量在晴朗无云、微风(或静风)的白天进行。

4 化学防霜机理

(1)树干涂白是树体保护的一项重要措施,它既可以消灭越冬害虫和病菌,又可以防止日灼病,同时还能减缓物候期进程、推迟开花期、躲避晚霜冻的危害。

(2)PBO 的防冻机理有四点,第一,内含的防冻剂可以增强树体的抗寒性,在一定的低温范围内帮助花蕾、花朵、子房、幼果等器官耐受霜冻害。第二,内含的延缓剂可以抑制秋梢生长,减少树体养分消耗。第三,施用该药剂后,叶绿素含量增加,光合速率加快,光合产物增加,树体储藏养分大幅增加,花芽质量明显提高。第四,内含的 10 多种营养元素使细胞液浓度提高,冰点降低,减轻冻害。

(3)防霜 1 号主要作用是杀灭杏树花器官上的冰核细菌。在低温胁迫下,INA

细菌能大幅度提高花瓣相对电导率值,增大细胞原生质膜渗透性,提高过冷却点 2～3 ℃,能在－4～－3 ℃引起花器官结冰而诱发霜冻。另外,INA 细菌能提高仁用杏花器官相对电导率,破坏膜保护酶 SOD、POD 活性,使细胞自由基不能被有效清除,导致膜脂过氧化作用,加剧 MDA 含量的积累,使花器官发生严重褐变乃至死亡。

5　化学防霜药剂准备

(1)准确掌握杏树种植面积,定量购买化学药剂,避免浪费。

(2)备齐化学防霜工具及防护用品。毛刷、水桶、搅拌棒、喷雾器、口罩、手套、眼镜等。

(3)化学防霜药剂调配。

①涂白配方(亩用量):水 18 kg,食盐 1 kg,石硫合剂原液 1 kg,生石灰 6～7 kg,动物油 1 kg。除去残渣,搅拌均匀。

②PBO 液体配制。先将 PBO 用少量的水稀释,再注入清水,稀释到一定的浓度。100 倍液(1L 水加入 PBO10 g),150 倍液(1.5 升水加入 PBO10 g)每亩大约需要 PBO500 g 左右,配置液体体积 50～75 L。

③防霜 1 号药剂配制。稀释 1000 倍,即 1 L 水中含 1g 药。配置时需要先用少量的水将药面溶解,再稀释到 1000 倍。亩用量 50 g 药面,配置液体 50 L。

6　化学防霜实施

(1)涂白。入冬前(11 月下旬)对树干、主枝用毛刷将涂白剂均匀涂刷在树干、大枝上。对于成龄大树最好先将老树皮刮掉,再涂白效果更佳。早春(3 月中旬)再涂白一次。

(2)喷施 PBO。一年喷施 3 次。第一次在开花前 7～10 d(吐红期)将 100 倍液 PBO 用喷雾器均匀喷洒到树冠的每个枝条,第二次在采摘后至 7 月底,150 倍液 PBO 用喷雾器均匀喷洒到树叶的正反面,第三次在 8 月下旬,叶子变黄前 10 d 左右,150 倍液 PBO 用喷雾器均匀喷洒到树叶的正反面。

(3)防霜 1 号药剂喷施。花蕾前 2～3 d 喷第一次;花蕾期喷第二次;开花前 2～3 d 喷第三次。如果开花期有较重的降温天气,可提前 2～3 d 再喷 1 次。喷洒时一定要将喷头对准花朵,使药液能进入花的内部,这样效果最佳。

7 安全保障措施

实施化学防霜药剂配比时一定要做好安全防护措施,操作人员一定要戴好手套、眼镜、口罩等防护用具,避免对人造成伤害。另外,在田间进行化学防霜操作时除戴好防护用具外,建议两人以上结伴工作,以免发生意外。

附录3：防霜火墙应用技术规程

1 范围

本规程规定了移动式防霜火墙应用技术的术语和定义，应用的时期、点火时间选择、布设位置和数量、燃料和引燃物准备、应用条件和操作方法。

本规程适用于北方果园霜冻灾害防御。

2 规范性引用文件

《QX/T88－2008 作物霜冻害等级》文件中的条款通过本规程的引用而成为本规程的条款。凡是注日期的引用文件，其随后所有的修改单（不包括勘误的内容）或修订版均不适用于本规程，然而，根据本规程达成协议的各方可使用这些文件的最新版本。凡是不注明日期的引用文件，其最新版本适用于本规程。

3 术语和定义

下列术语和定义适用于本规程。

3.1 霜冻

是指农作物生长期间受到接近 0 ℃的零下低温影响所造成的危害，一般发生在冬春和秋冬之交的农作物活跃生长期间，当土壤或植物表面及近地面空气层温度骤降到 0 ℃以下，使细胞原生质受到破坏，导致植株受害或者死亡，是一种短时低温灾害。

3.2 辐射型霜冻

是指在晴朗无风的夜晚，植物表面强烈辐射降温而形成的霜冻，又称"静霜"。此类型霜冻持续时间短，在同样的低温下对作物危害较轻；但不同地块，甚至同一植株的不同部位，霜冻强度亦有显著不同。

3.3　平流霜型冻

是指由于出现强烈冷平流天气引起剧烈降温而发生的霜冻。通常是强冷空气或者寒潮暴发时,强大的冷空气从背部移至一地后,出现大风、降温天气过程,导致作物叶片结冰或植株体温降到 0 ℃以下从而发生伤害,也称之为"风霜"。此类型霜冻由于是受系统性大规模冷空气的入侵所致,因此其危害的面积大,而霜冻发生地区的强度差异不大。

3.4　平流辐射型霜冻

在冷平流和辐射降温共同作用下形成的霜冻,一般情况下是先有冷空气入侵,温度明显下降,到夜间天气转晴,碧空少云,风速减小,辐射加强,使植株体温进一步降低而发生霜冻,也称混合型霜冻。这种类型的霜冻出现次数多,影响范围大,并可以发生在日平均气温较高的暖和的天气后,所以对农业生产危害较重。

3.5　移动式防霜火墙

以废弃的铁桶(桶直径约 $60 \sim 70$ cm,高约 $100 \sim 120$ cm)$2 \sim 3$ 个平放焊接连在一起,上部做成可开闭的带孔洞的盖子,两侧留出通风口,安装轮子,制作成可方便移动的燃烧容器,称移动式防霜火墙。以树枝等作为燃料,采用燃烧加热法防御霜冻。

3.6　燃料

放置于移动式防霜火墙中燃烧的材料,以燃烧加热空气等方式提高环境温度,起到防霜作用。在果园中一般以修剪下的果树树干、枝条等作为燃料,也可加入柴草等其他可燃物。

3.7　引燃物

用于快速引燃移动防霜火墙中的燃料,提高燃烧效率,一般用煤油、柴油等作为引燃物。

4　防御时期和时间

主要用于苹果、杏、桃、李子、梨等果园的晚霜冻(春季霜冻)防御,中国北方地区霜冻一般发生在果树的花期和幼果期,每年的 3 月下旬—5 月中旬是防御的主要时期。

晚霜冻多发生在凌晨 05:00—07:00,部分在 02:00—04:00,个别会发生在更早的时间内,防御的重点时间是在凌晨至太阳升起之前。

5 点火时间的选择

在果园中,根据气象台发布的霜冻预警或者最低气温预报信息和霜冻发生的时间特点,初步确定霜冻防御日期,进行防霜材料的准备。点火时间的确定要利用果园内的气温或者树体温度的实时监测结果来确定:可在果园内布设气温或者树体温度的观测仪器,当气温或者树体温度降至接近果树受冻温度的时候,点燃移动式火墙中的燃料开始防霜。一般情况下,监测果园内的气温更为便捷,可利用果树受冻的气温阈值来确定点火时间。由于果树多为高大乔木,不同高度的气温存在差异,一般霜冻天气时低层的气温较低,因此在观测果园气温时,以树冠的最下层所处位置的气温值做参考为宜。

6 布设位置和数量

移动式防霜火墙要布置在果园的上风方向,距离树体 2 m 左右为宜,太近会使靠近火墙的枝条、花果甚至主干遭受高温灼伤。一般来说,果园面积一定的情况下,火墙的数量越多、分布越均匀,防霜的效果就越好,但考虑到果园多为条块状,一块(条)果园内的果树基本都紧靠在一起,因此移动火墙只能布设在果园边的道路上或者沟渠坝上。布设的密度以间隔 1 个火墙长度以内为佳,例如,如果移动火墙自身长度为 2 m,间隔的距离最好控制在 10 m 以内,也即间隔 10 m 就要布置一个移动火墙。

7 燃料和引燃物准备

考虑燃烧的成本和可获取性两方面因素,移动式防霜火墙的燃料主要以修剪掉的枝条为主,枝条越大效果越好,可在每年果树修剪后将枝条收集起来堆放于果园边,有条件的可将枝条截断成 1~1.5 m 的短枝,打捆晾干备用。也可用柴草等其他可燃物作为补充燃料。在霜冻即将到来的前一天,将移动式火墙和枝条(柴草等)提前均匀摆放在果园道路或是沟渠坝上。

当作为燃料的树枝水分含量较高的时候,需要用煤油、柴油、汽油等作为引燃物,这样可以快速地将燃料点燃。当燃料充分燃烧后,即便是再加入湿树枝,也会很容易着火燃烧。煤油等引燃物可提前一天准备好,装在容量较大的塑料油壶内,放置在安全的地方。

8 应用条件

移动火墙主要用于防御有一定风力条件(微风,风速 3 m/s 为宜)的果园霜冻。如果霜冻期间为静风,则火墙燃烧时由于热量不能及时输送到果园深处,虽然移动火墙周围的升温效果较明显,但远处的升温效果较差。如果霜冻时风力过大,虽然移动火墙的热量扩散速度快,果园中的升温较均匀,但热量散失太快,增温效果明显降低。

9 操作方法

9.1 装填燃料

将燃料(树枝条等)装入移动式防霜火墙的容器内,压实,将上部和两个侧面的盖子打开,增加通风透气性。

9.2 点火

将少量的引燃物(煤油、柴油等)泼洒在枝条等燃料上,用火柴或者打火机点燃,当燃料较潮湿时,可在点火后视情况向燃料上继续泼洒少量引燃物,使整个火墙内的燃料快速、均匀燃烧。

9.3 火势控制

在燃料开始燃烧后,如果火势过大,可将侧面及上部的盖子合上;在火势不足或者燃料缺乏时,及时打开两侧和上部的盖子,加添燃料。

9.4 火墙移动

当观测到风向有较大变化时,可将移动火墙人为推到上风处,充分发挥火墙的升温效果。

附录4:空气扰动法防霜技术规程

1 空气扰动法防霜技术规程

　　霜冻是在特定的天气条件下形成的,往往伴随着"逆温"现象出现。空气扰动法防霜技术就是使用特制设备扰动空气,将上方暖空气送到果树冠层以提高其温度,从而达到防霜除霜的目的,与传统的覆盖法、烟熏法、灌溉喷水法等防霜方法相比,该防霜法操作简单、效果明显、省时省力且比较环保。戴青玲等(2009)进行了茶园高架风扇防霜效果试验与控制系统设计,陆文渊等(2009)引进日本古田电机公司防霜风扇系统并开展了试验研究。在欧美及澳大利亚果园防霜装置一般功率较大,风扇安装高度超过 10 m,有的甚至利用直升机在作物上方做低空飞行扰动空气,从而达到防霜效果,但其成本很高,国内特别是北方果园这方面的研究还很薄弱。

　　本规程中所述防霜机即 FSJ 系列果园高架防霜机,是由天水锻压机床(集团)有限公司自主研发的系列防霜机。甘肃省气象局、省人影办以天水林果气象服务试验示范基地为依托,在天水麦积区南山万亩苹果种植基地,建成防霜机试验基地。2013 年 10 月、2014 年 4 月,甘肃省人工影响天气办公室在天水实验区进行了科学试验,对自主研发的防霜机各项参数、防霜机对小气候影响情况进行了详细的测定及改进完善,本规程以甘肃省天水市果园防霜机试验结果为基础而制定。

2 术语和定义

　　防霜机:防霜机是类似家用电风扇的巨型风扇,利用钢管将一种特制的风扇架在离地面某一高度处,当霜冻发生时,利用"逆温现象"将上方较高温度的空气不断吹送至下方果树树蓬低温区,以提高低处空气温度,提升果树蓬面温度,避免果树树体温度降至 0 ℃以下,防止和减轻霜冻的发生。

逆温现象:在一般情况下温度是随着离地高度的上升而下降,但昼夜温差大、风速较小、易发生霜冻时,在一定高度内,温度是随着高度的上升而升高,这种现象称"逆温现象"。在逆温条件下,离地面 6～10 m 高度空气层的温度比地面平均温度高 2～4 ℃。

0～12 m 逆温层:在晴朗无风的天气条件下距离地面 0～12 m,温度随高度增加而升高的近地面大气层结。

防霜机的架设高度:由于 0～12 m 逆温层的存在,为了能使高空的高温层与近地面的低温层进行混合,防霜机的架设高度应为 3～12 m。针对 2～3 m 高的果树布设的防霜机,其架设高度应在 8 m 以上,称为高架防霜机。

3 防霜机用途

采用设置在离地面较高的防霜机向果园投送风力的物理干扰方法,使高空的高温层与近地面的低温层空气进行混合,使植物表面的温度升高,以防御植物遭受霜冻或低温的危害。

4 防霜机的防霜原理

逆温防霜:日落后,果园地面垂直方向会产生上层气温明显高于下层气温的逆温现象,离地约 10 m 处上空的气温比近地面空气温度高出 2～4 ℃,此时利用风机扰动果园近地逆温层。将上方较暖空气强制吹向下方低温层,提高近地面空气温度从而防止或减轻霜冻伤害。

反逆温防霜:日出前后,逆温层逐渐消失,近地上方气温开始略低于植物冠层处,此时继续扰动气流,可以缓解植物冠层叶片温度的快速上升,从而保护叶片组织免受应激损伤。

当霜冻发生时,防霜机将上方较高温度的空气不断吹送至下方果树低温区。提高了近地面温度,避免果树温度降至 0 ℃以下。

5 防霜机的工作原理

把由电机或柴油机驱动的风机用管塔支撑到距地面 8 m 以上的高度处,风机风叶旋转的同时风机绕管塔圆周摆动,由于风叶是向地面倾斜的,所以风机工作时,高空的温度较高的空气与地面低温空气混合,达到防霜的效果。

FSJ系列果园高架防霜机,架设高度为10 m,利用电动机、柴油机两种方式驱动风叶转动,并可选用不同的功率。在有电网的果园选用电机驱动方式,在没有电网的地区选用柴油发电机驱动方式。

6　防霜机的使用

防霜机使用原则上应在气象台站的指导下使用。

6.1　防霜机的开启条件

(1)初春或深秋,白天天气晴朗、无风或微风;

(2)气象预报第二天清晨有霜冻。

注:只有在逆温现象出现及地表气温在－3～－2 ℃时,防霜机才能够起到防霜的作用,如气温过低,则需当地气象部门的指导下进行防霜。

6.2　使用注意事项

(1)当风速大于4.0 m/s时,0.5～10 m逆温温差小于0.3 ℃,逆温较弱,因此,当自然风速大于3 m/s时,可暂停防霜机的运转。

(2)当10 m处气温小于0 ℃时,不能用防霜机进行防霜。

(3)本规程介绍的防霜机在4.4 m半径范围内不能起到防霜作用,这就是防霜机自身附近的盲区。不同防霜机盲区不同,请查看使用说明书。

(4)本规程介绍的防霜机3 m高度风速的最大距离约为100 m,保护面积最大3 hm²。

(5)防霜机开机时间应在午夜至日出前后果树冠层温度降到1 ℃时。

附录 5:霜后补救技术规程

果树霜冻害后要积极进行物理补救和化学补救,主要措施有:喷施药剂提高抗逆能力减轻霜冻害;保花保果,提高坐果率;加强综合管理,复壮树势;适时防治病虫害;控制旺长,稳定树势等几个方面。

1 喷施防霜冻害康复药剂

霜冻灾害发生后,及时喷 600～800 倍天达 2116、或 800 倍应天 2 号、或 15000～20000 倍碧护、或 10000 倍硕丰 481、或 5000 倍爱多收等药剂进行修复,可视霜冻害情况 5～7 d 后喷第二次,可起到减轻霜冻害的作用。

2 保花保果、提高坐果率

2.1 停止疏花疏果

霜冻害发生后,应立即停止果树疏花疏果和修剪,以保证果园仍有一定的产量。

2.2 人工授粉

当早期花在花蕾期受冻而不能恢复时,保证中、晚花坐果是当务之急,要特别注意对中、晚花的人工授粉工作。对于开花期霜冻害发生后不属于花柱和子房变黑腐烂类型的霜冻害,而仍有坐果能力的花,也要采取人工授粉的措施。

2.3 喷施药剂

在初开花期和盛开花期各喷 1 次 2500～3000 倍的硼砂＋0.5％蔗糖,或喷施天达 2116、应天 2 号、碧护、硕丰 481、爱多收＋3000 倍的硼砂,均有减轻霜冻灾害和提高坐果率的作用。

2.4　利用腋花芽结果,可弥补部分产量

腋花芽又称侧花芽,是着生于枝条侧方叶腋的花芽或混合芽。腋花芽开花较迟,其盛花之时大部分果花已经凋谢,所以仅依靠自然授粉往往会因花粉不足,造成授粉不良,因此辅以人工授粉可显著提高腋花的坐果率。

3　加强综合管理、复壮树势

受冻后的树体疏导组织受到破坏,生长衰弱,应加强肥、水的管理。开花前、开花后多施肥料,追施氮、磷、钾肥和叶面肥,灌水或覆盖保墒,恢复树势。

追施果树专用肥等复合肥料,尤其要做好叶面喷肥。展叶后喷施 0.3% 尿素液,后期喷施 0.3% 磷酸二氢钾液,增强树体抗性,果实生长期喷施 8000～10000 倍叶面宝,提高叶片光合功能和果实质量。

4　适时防治病虫害

霜冻害后,树体衰弱,抵抗力差,容易发生病虫危害。要及早防治早期落叶病、腐烂病、流胶病、溃疡病和炭疽病等病害及红蜘蛛、蚧类和小蠹类等害虫。

具体可喷洒易保、升势、多氧清(多氧霉素)等杀菌药剂防治枝干和叶部病害的流行危害。芽前和花前分别喷施 $1°～3°Be$ 和 $0.3°～0.5°Be$ 石硫合剂。对初发病斑,刮除染病部位,用 1%～3% 的硫酸铜或硫酸铜、熟石灰、水的比例为 1:1:10 的波尔多液涂抹伤口。生长初期至幼果期喷施 50% 多菌灵可湿性粉剂 800 倍液或 70% 甲基托布津可湿性粉剂 800～1000 倍液,间隔 10 天 1 次,连喷 3～4 次。防治食心虫和炭疽病等,可选用菊酯类杀虫剂加 0.5% 等量式波尔多液或 50% 甲霜灵可湿性粉剂或 80% 代森锰锌可湿性粉剂等。

5　控制旺长、稳定树势

霜冻害造成严重减产、坐果少的果园,前期树体生长势变弱、但后期容易旺长,对长势旺的桃园或单株,喷布 1～2 次 PBO 控制旺长,稳定树势。